U0076606

間諜養成手冊

落合浩太郎／監修

童小芳／譯

將間諜們最真實的日常

攤在陽光下

　　許多間諜自古以來便暗中潛入敵國，並持續蒐集該國的兵力、地形等情報。享受著和平生活的我們或許難以想像，即便到了21世紀的現代，間諜仍確實存在，日夜蒐集著各式各樣的情報。

　　話雖如此，他們並非像電影或小說般，成天上演超浮誇的汽車追逐戰或激烈槍戰，過著跳脫日常且極其危險的生活。相反的，絕大部分的間諜都是默默地反覆執行普通的作業，比如監聽電話或監看信件、分析自偵察

衛星送來的圖像等等。

相對來說，搞不好隸屬於軍隊的特殊部隊隊員，比情報機構的負責人還要常執行如電影或小說般驚險的間諜行動。他們具備高度的戰鬥能力，還會進行跟蹤與臥底調查，暗中在世界各地的紛爭之地活躍著。

本書不會將情報機構與特殊部隊區分開來。這是為了聚焦於間諜行動本身，更貼近其真實的情況。倘若了解他們的生活習慣及覆蓋於面紗之下的諜報技術，能刺激大家對於知識方面的好奇心，將是筆者莫大的榮幸。

落合浩太郎

人類歷史的背後皆有間諜存在

間諜的主要任務便是在暗地裡祕密蒐集敵國的情報，並往自己國家有利的方向運作。他們自遠古以來便存在著，甚至偶爾會改變歷史的走向。首先我們將針對紀元前的時代至近代的間諜歷史進行考察。

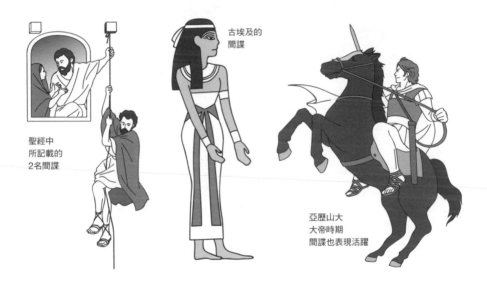

古埃及的
間諜

聖經中
所記載的
2名間諜

亞歷山大
大帝時期
間諜也表現活躍

據說「間諜是第二古老的職業」，其源頭可追溯至《舊約聖經》。其中有一則猶太人的領導約書亞攻陷耶利哥城的軼事，當中出現了2名間諜。此外，目前保留的紀錄顯示，古埃及的圖坦卡門王時期，以及亞歷山大大帝時期的馬其頓都曾經有間諜存在。

日本人最耳熟能詳的便是：據說鎌倉時代攻進日本的成吉思汗曾重用間諜。成吉思汗所建立的蒙古帝國曾經將領土擴大至歐洲，但是蒙古人的容貌過於顯眼，因此難以潛入敵國。於是他徵用了住在敵國的當地居民作為間諜來蒐集情報。

WHAT IS SPY?

重用間諜的
成吉思汗

忍者是曾存在於
日本的間諜

身為雙面間諜的
阿爾弗雷德‧雷德爾

　　活躍於戰國時期的忍者也是日本人家喻戶曉的間諜。他們神不知鬼不覺地進行諜報行動、破壞行動或暗殺等，可謂赫赫有名。間諜電影中經常會出現如雷射槍般的高科技機器，而忍者則是實際把漂浮於水上的水器或逃跑之際所用的煙幕等時代前端的技術運用自如。

　　近代將奧地利在第一次世界大戰中戰敗的主要原因歸咎於間諜洩漏情報。阿爾弗雷德‧雷德爾曾是奧地利的諜報部長，其為同性戀一事被俄羅斯間諜知曉後，屈服於脅迫之下而將自己國家的機密情報洩漏出去。

　　人類的歷史說是一部爭鬥的歷史也不為過，而這當中必定曾有間諜介於其中。

間諜在現代也是不可或缺的存在

在世界史的時代區分中，自第一次世界大戰結束的1918年起即為「現代」。
每個事件發生的背後都有間諜在暗中活動，然而近年來並未發生世界規模的大
型紛爭，那麼間諜現在都在做些什麼樣的工作呢？

核子武器的情報
經由間諜之手
從美國流入俄羅斯

與美國展開
一次次諜報戰的
前蘇聯KGB
（國家安全委員會）

間諜衛星登場後
便可從宇宙蒐集情報

即便到了現代，間諜仍然在暗地裡行動著。其中又以第二次世界大戰期間最為活躍，各國爭相把間諜送入敵國。透過事先掌握情報來研擬對策，無數的戰局便是因為間諜暗中行動而遭到顛覆。一般認為原本持續快速進擊的德國之所以會失速，便是因為前蘇聯的諜報機構KGB取得了情報。

爾後自第二次世界大戰結束的1945年起，便迎來了間諜的黃金時期。也曾落在日本的核子武器，其相關情報便是經由間諜之手從美國流入蘇聯。兩國在核子武器上針鋒相對而進入了冷戰狀態，自此有大批的間諜頻頻展開諜報行動。據說投入其中的資金毫無上限。

WHAT IS SPY?

目前已有
許多間諜
潛入了紛爭地區

柏林圍牆倒塌後，
大批間諜失業

調查毒品的
特殊部隊

　　此外，科學技術在冷戰時期有了飛躍性的進步。為了鎖定飛彈位置的情報，間諜已不再限於人類，而是轉由間諜衛星來蒐集情報。然而，兩國的關係隨著1989年冷戰結束而解凍。結束任務的無數間諜紛紛失業，為了活用一直以來的關係跟門路，而開始經手販毒走私。

　　進入21世紀後，人類置身於恐怖攻擊的威脅之中。為了對抗神出鬼沒的恐怖分子，便需要更精確的情報，而蒐集這些情報便是間諜的職責所在。

　　目前世界各國的情報機構或特殊部隊已經進入紛爭地區，如火如荼地展開情報蒐集工作。沒錯，如今間諜再次迎來了黃金時期。

在全世界暗中活躍且代表性的情報機構

世界各國皆設有間諜所屬的情報機構。大多設立於兩次的世界大戰爆發的1900年代中期之前。也有不少機構經過改組或廢止，在此介紹如今仍持續運作的機構。

CIA
（中央情報局）

設立於第二次世界大戰之後的1947年，為美國總統府直轄的情報機構。不會在美國國內進行諜報活動，而是在國外進行情報蒐集。

SIS
（祕密情報局）

設立於1909年的英國情報機構。以「MI6（軍情六處）」之別稱聞名世界。英國政府直到1994年為止都一直否定其存在。

熱門電影《007系列》的主角詹姆士・龐德，設定上是MI6（SIS）的諜報成員。

MSS
（中華人民共和國國家安全部）

兼管情報機構的中國治安機構。執行著各式各樣的行動，比如針對人民的網路檢閱、政治性諜報活動等。設立於1983年。

SVR
（俄羅斯聯邦對外情報局）

與蘇聯情報機構「KGB」一脈相承的俄羅斯聯邦情報機構。亦為進行暗殺行動或散布假情報等險惡傳聞不斷的組織。

DGSE
（對外安全總局）

蒐集並分析法國安全相關情報的機構。擅長在伊斯蘭圈活動，日夜策畫著如何與恐怖分子接觸。

摩薩德
（以色列情報特務局）

設立於1937年的以色列情報機構。世界最強組織的呼聲也很高，主要是在國外進行諜報行動、特務工作與反恐對策。

特殊部隊

特殊部隊存在於各國的軍隊之中，編制有別於一般的部隊。有些部隊會與情報機構合作，進行情報蒐集、破壞活動、跟蹤或監視這類間諜行動。英國的「SAS（空降特勤隊）」與美國的「Navy SEALs（海豹部隊）」等最具代表性。

日本不存在情報機構!?

日本將內閣情報調查室（內調）、防衛省的情報本部、警察廳警備局、公安調查廳以及外務省的國際情報統括官組織都視為情報機構。不過並未形成「就算冒險也要行動」的這種體制，就這層意義來說，屬於「不存在全球標準的間諜機構的例外國家」。

JAPAN

contents

第1章　間諜工具之運用

◆ **槍**

◆ **特殊武器**

◆ **防護用具**

◆ **偵察工具**

第2章　間諜行動之守則

第3章　保命之道

◆ 防身術

◆ 野外求生

第1章

間諜工具之運用

說到間諜的工具，電影中曾出現許多讓人覺得「簡直天方夜譚！」的特殊工具，如雷射槍、可以黏在窗戶上的手套、穿著就能漂浮在空中的西裝……那麼實際上間諜都是使用什麼樣的工具呢？此章節將會依武器、防護用具、交通工具等分門別類來介紹。

消音槍的槍聲
與開關門的聲音差不多

符合年代 ▷	20世紀初期	20世紀中期	20世紀末期	21世紀以後	符合組織 ▷	CIA	KGB	SIS	特殊部隊	其他諜報機構

在提升任務成功率與生還率上貢獻良多的消音槍

對於以隱密行動為主的間諜而言，巨大的槍響不僅會妨礙任務執行，有時還可能造成性命危險。基於這個理由，間諜最常使用的便是可以降低槍聲來射擊敵人的槍。

一般使用的都是裝了消音器的槍。其中又以22口徑（約5.6mm子彈）的高標H-D最為優秀。消音器內有好幾層金屬網狀的圓盤交疊，藉此吸收發射時的震動。令人驚訝的是，據說其槍響就和日常生活中開關門的聲音差不多。此外，不會冒出硝煙也是這把槍的特色之一。

有些類型的槍是藉由安裝消音器來獲得消音效果，另一方面也有一些槍是一開始就開發成消音槍。那就是威爾羅德Mk.I。然而這把槍全長36.5cm，且使用9mm的魯格彈，據說威力雖大，但關鍵的消音效果卻很差，當然不適合用於諜報行動。最後由後來開發出來的Mk.II擔當此任。

32口徑的威爾羅德Mk.II，外觀像是在鐵管上加裝作為把手的握柄，消音效果也比Mk.I還要更好。全長31.5cm、重量1100g，是易於操作的大小，據說經常用於諜報行動或特殊作戰之中。

作為威爾羅德Mk.II改造款而開發出的袖槍，則是為了暗殺特化而成的產物。外型呈無握柄的筒狀，乍看之下不會讓人意識到是槍。

執行暗殺之際會將袖槍藏在衣服袖子等處，混入人群之中接近暗殺對象並開槍。槍聲會被人群的喧鬧聲蓋過，因此不容易被周圍的人發現有人開槍，據說這在提高暗殺現場的生還率上也頗有貢獻。

消音槍

槍聲極小的手槍與衝鋒槍

裝設消音器而槍聲較小的槍枝在戰爭期間曾活躍一時。在此來一一觀察其異於普通槍枝的構造。

手槍

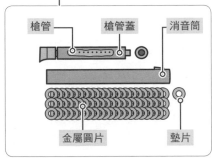

槍管　　　槍管蓋　　　消音筒

金屬圓片　　　墊片

高標 H-D

1944年由高標公司所開發，附消音器的手槍。槍管上有許多擴散燃燒氣體的孔洞，而消音筒內的前方重疊了好幾層金屬圓片，這些圓片會吸收震動，提高消音效果。

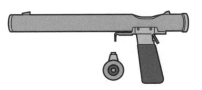

威爾羅德 Mk.II 消音手槍

由SOE（英國特殊作戰執行部）的特殊兵器研究所在第二次世界大戰期間開發而成。發射方法是將上腔旋鈕（Cocking Knob）旋轉90度，拉出槍栓來填裝子彈。槍栓壓入後再將旋鈕往反方向轉90度，扣下扳機。

袖槍

為威爾羅德的改造款，呈筒狀的手槍。藏在衣服或袖子裡，混在人群之中接近並擊發。

衝鋒槍

裝有 M3S 貝爾消音器的衝鋒槍

為了彌補二次世界大戰衝鋒槍不足而開發的M3衝鋒槍，加上了消音功能改良而成的產物。專門開發給OSS（美國戰略情報局）隊員使用。

斯登 Mk.VI

在斯登 Mk.V 上加裝消音器的槍。消音效果佳，據說發射時大概只會發出槍栓作用的聲音。

使用仿造成雪茄、
手套或皮帶的手槍

符合年代 ▷	20世紀初期	20世紀中期	20世紀末期	21世紀以後	符合組織 ▷	CIA	KGB	SIS	特殊部隊	其他諜報機構

⊕ 可出其不意、讓敵人畏縮
看起來不像槍的偽裝槍

　　防身用的武器對間諜而言是必備的。然而，在執行必須偽裝成平民的任務中，自然不能攜帶太過誇張的武器。為此開發出來的，就是為免看出是槍而經過偽裝的隱藏式槍枝。

　　雪茄型手槍全長僅12.5cm、22口徑，正如其名所示，是模仿雪茄外型的產物。只能發射1發子彈。使用方式是拉扯後方用以取代扳機的繩子，殺傷力極低。在即將被敵人逮住時，就假裝抽菸來進行射擊。雪茄型手槍主要作為威嚇之用，可以趁對手因為槍聲與氣體噴射而畏縮的空檔逃走等等。

　　另一方面，從外觀看來不過是根菸斗的菸斗手槍（Pipe Pistol）雖然也只能射擊1發子彈，但是對3.5m內的對手具有殺傷力。此外，由於菸斗手槍的發射口位於吸嘴部位，因此無法吹著菸斗射擊。

　　模仿皮帶扣製成的皮帶扣槍，則是開發來作為納粹德國高級將校防身之用。當時預想的運用方式是在淪為敵人俘虜時，假裝為了解除武裝而解開皮帶後發射等等。然而，據說從皮帶的位置進行射擊很難鎖定目標，而且殺傷的範圍也不大。

　　將38口徑的槍裝設於皮革手套所製成的手套槍，是第二次世界大戰期間於美國製造而成。由於是將固定於手背上的槍緊貼著對手後才射擊，因此射擊聲也很小，緊急時刻可以派上用場。然而，雖然可以再次填充子彈，但基本上只能射擊1發。

　　雖然研發人員還有構思並製作了其他各式各樣款式的槍枝，但這些全都著重於欺敵之用，所以命中準度與殺傷力都不高。

隱藏式槍枝

用於緊急時刻、看不出是槍的隱藏式槍枝

將槍裝進雪茄、戒指、手套或皮帶等日常用品中。在緊要關頭作為逃生或暗殺之用。

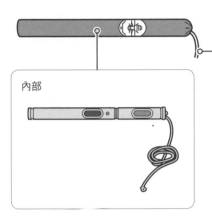

拉動繩子就會射擊

內部

雪茄型手槍

以雪茄狀的包覆而成的小型手槍。全長為12.5cm。殺傷力低，使用目的是利用射擊時的爆炸聲與氣體煙霧讓敵人畏縮。子彈只有1發，拉扯後方的繩子後即可擊發。

戒指手槍

於19世紀的法國製作而成的武器。轉動手槍的轉輪即可射擊5發。為超小型手槍，因此主要作為防身之用。

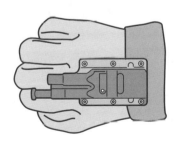

皮革手套槍

將單發式手槍裝於皮革手套中的特殊槍。為美國海軍情報部於第二次世界大戰期間製作而成。握拳後將扳機抵住對手來進行射擊。只能射擊1發。

皮帶扣槍

將皮帶的皮帶扣部位設計成手槍的一種武器。於德國製作而成，為納粹德國的高官或親衛隊的高級將校等所使用。打開皮帶扣的外蓋，立起左側的槍管，按下扳機來射擊。佯裝要解開皮帶後使用。

將傘、鉛筆或自動鉛筆等
日常用品當作武器

符合年代 ▷	20世紀初期	20世紀中期	20世紀末期	21世紀以後

符合組織 ▷	CIA	KGB	SIS	特殊部隊	其他諜報機構

◎ 攜帶隱藏式刀具或
特殊武器以防萬一

間諜所使用的武器中，最常用於近身戰的武器便是刀具。然而，使用刀具的格鬥須具備高超的技術，需要較長的訓練期間。為此而開發出了能輕微並確實打倒敵人的刀款。

貼身藏刀（Frisk Knife）全長為18.5cm，整體打造成扁平狀以便藏在衣服下。間諜會利用膠帶等固定於上臂或小腿處以備緊急時刻之需。佯裝赤手空拳，再出奇不意地刺向對手要害。

翻領刀是一種小型的刀具（全長7cm），小到又稱為拇指刀。使用方式是先藏在夾克內側等地方，被敵人發現之際便以此劃向對方臉部或手腕，再趁隙逃走。另有一種武器也是採取相同的用法，那就是放入十字刃以取代筆芯的殺人鉛筆。

除了針對人的戰鬥外，諜報機構還構思了無數種刀具。例如以破壞工作為目的的間諜所使用的折疊式破壞刀（Sabotage Knife），上面除了一般的刀刃外，還附帶3cm的爪狀刀。這是用來扎破車輪的。此外，為了以備被敵方逮住、雙手雙腳遭綑綁時之需，間諜還會攜帶藏於鞋跟或硬幣背面的刀具。而且據說會使用面額較低的硬幣來隱藏刀具。這是因為即便被搜查口袋，價值較低的硬幣也很有可能被忽略。

除了刀具以外，還有五花八門的武器。比方說，1978年在倫敦暗殺反共產體制人士喬治・馬可夫時所使用的，便是可以擊發藏毒子彈的殺人傘。他在市區遭間諜射擊毒彈後，因為突如其來的劇痛而當場倒地，3日後便毒發身亡。

特殊武器①

小巧卻駭人，可輕鬆殺人的武器

戰爭期間的間諜們會利用巧妙的方式偷偷攜帶武器。大多都是小型且看起來不過就是日常用品的武器。

殺人傘

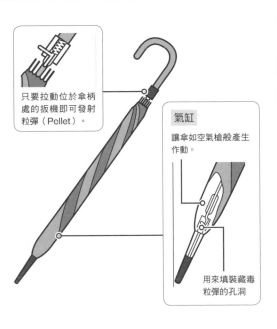

只要拉動位於傘柄處的扳機即可發射粒彈（Pellet）。

氣缸

讓傘如空氣槍般產生作動。

用來填裝藏毒粒彈的孔洞

裝有藏毒迷你子彈的傘型槍。一般認為是由蘇聯國家安全委員會（KGB）所製作。因為是傘型，所以射擊威力不大，但是可藉由劇毒確實殺死對象。

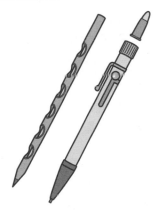

殺人鉛筆・自動鉛筆

偽裝成鉛筆或自動鉛筆，是用於近身戰的武器。鉛筆中裝有十字狀的刀刃，用來刺殺目標。自動鉛筆中則填裝了小型的鉻子彈，可於急迫時刻用來防身。

簡易割刀（Simple Slasher）

用來扎破車輪的武器。環形且小巧，非常易於隱藏。亦可於逃跑時劃傷對手來爭取時間。

POINT

間諜身上處處都裝設了刀具

不知何時何地會遭到襲擊是間諜的宿命。因此他們會在身上穿的衣服領口、袖口或腳上穿的鞋跟上安裝特殊的刀具。即便手腳遭繩索綑綁，也能利用事先備好的刀具試圖逃脫。順帶一提，裝設的刀具極小，因此殺傷力很低。但它們的優點便在於小，可以順利通過搜身。

槍

特殊武器

防護用具

偵查工具

交通工具

緊急時刻的隱藏式刀具

刀具對間諜而言是必備品。會藏於身上的各個部位，以便哪天被捕也能逃脫。

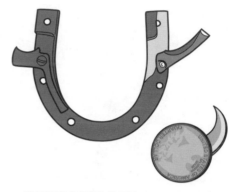

拇指匕首（Messy Knife）

情報部諜報人員於戰爭期間隨身攜帶的小型刀具。藏於大衣的衣領或袖口中。遭逮捕時用來劃傷監視士兵再逃走。使用此刀會導致「混亂（Messy）」狀態，故以此命名。

藏於鞋跟或硬幣內的刀具

裝於鞋底跟部的隱藏式刀具。並非攻擊用，而是當雙手雙腳遭綑綁時，用來切斷繩索或膠帶再逃走。硬幣型刀具也是用於相同目的。即便被檢查口袋，也很可能不會被發現。

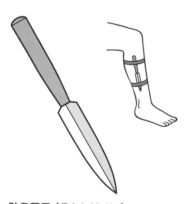

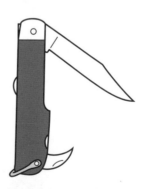

貼身藏刀（Frisk Knife）

OSS所使用的刀具。以膠帶加以固定，藏於上臂或膝蓋至腳踝之間。為了緊貼身體且便於隱藏而將整體打造成扁平狀，於緊急時刻用來刺向對手要害。全長18.5cm。

破壞刀（Sabotage Knife）

折疊式刀具。除了一般的刀刃外，還附帶爪子般的刀刃。用來扎破敵人卡車或汽車的輪胎，使之爆胎。設計是以進行破壞工作為目的，而非暗殺用。

| 特殊武器③ | 為了抓住對手破綻所用的特殊棍棒 |

間諜不只會攜帶刀具,也經常使用傷害雖小卻容易抓住對手破綻的棍棒。

伸縮甩棍(Spring Cosh)

SOE與OSS於第二次世界大戰期間所用的彈出式警棍。為折疊式,可藏於袖子等處,悄悄取出後用力由上往下揮打。全長為30cm。

手持伸縮甩棍的手臂往下一揮,三節式的棍棒就會伸長。末端處加了金屬錘,攻擊時可造成莫大傷害。

袖刀(Sleeve Dagger)

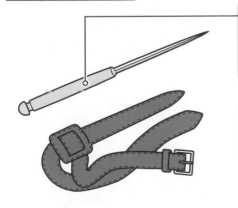

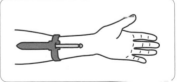

形狀為錐子般的刀具。收納於綁在手腕上的刀鞘裡藏好,緊急時刻便抽出來刺向對手。握把部位的末端呈突起狀,亦可用末端來擊倒對手。全長為17.5cm。Dagger意指短刀。

槍

特殊武器

防護用具

偵查工具

交通工具

23

有一種特殊槍，
使用的箭可以無聲殺人

符合年代 ▷	20世紀初期	20世紀中期	20世紀末期	21世紀以後		符合組織 ▷	CIA	KGB	SIS	特殊部隊	其他諜報機構

⊕ 以飛鏢取代子彈，不會發出射擊聲的各種武器

在第二次世界大戰中，除了消音槍以外，還開發出了許多不發出聲音便能擊倒敵人的武器。其中之一便是冠上了知名神箭手威廉·泰爾之名的十字弓（弩槍）。

十字弓的特色在於射擊時的聲音比消音槍小得多，而且不使用火藥，所以射擊時不會冒出火焰，不易被周遭發現等等。當中冠上威廉·泰爾之名的十字弓，以飛鏢（箭）的初速63km、射程距離200m（但一般認為1發便能擊倒敵人的距離為30m）的性能著稱。

名為Bigot的改造手槍是發射17cm的飛鏢來取代子彈。用來改造的槍是一直以來作為美軍正式槍枝使用的柯爾特M1911手槍。此外，亦可改用當初專供抵抗組織使用而大量生產的解放者手槍來代替。

英國則開發出全長18cm的鋼筆型飛鏢發射器。其使用的飛鏢極小，幾乎和唱片針差不多（也有人認為就是使用了真正的唱片針）。這種鋼筆型飛鏢發射器採取和空氣槍一樣的方式——利用彈簧與活塞，壓縮汽缸內的空氣來射出飛鏢，射程距離為12m。其威力不足以對目標造成致命傷，因此據說部分間諜們會在針上抹毒來使用。

消音性能較佳的武器大多是預設要暗殺正在街頭或廣場上演講的重要人物。然而，在實際作戰中，大多會使用裝了消音器的手槍或來福槍等可連續射擊、實用性較高的槍械。除了槍以外的消音武器大多不會用於實戰之中，似乎都止步於試作階段。

特殊武器（手槍）

不會發出聲音、也不使用火藥的高性能特殊槍

不會發出聲音的特殊槍大多都在試作階段便不了了之。然而，在此要介紹的是經過多次改良且曾用於實戰之中的3種槍械。

威廉‧泰爾

射擊聲比附帶消音器的手槍或來福槍還要小，是不使用火藥的槍。由SOE與OSS開發，重達2kg，初速為時速63km，射程距離200m（1發就能確實擊中的距離為30m）。可從相當遠的距離外隱藏氣息讓對手倒下。

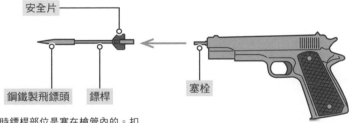

安全片

鋼鐵製飛鏢頭　　鏢桿

塞栓

填裝時鏢桿部位是塞在槍管內的。扣下扳機後，塞栓會往前推出，撞向飛鏢頭內部的雷管而擊發。飛鏢發射出去，安全片則往後方移動。

Bigot

發射飛鏢（箭）的改造手槍。由OSS所開發。槍是使用柯爾特M1911手槍，亦可用大量生產的解放者手槍來發射這種飛鏢。飛鏢長為17cm。

飛鏢筆

鋼筆型的飛鏢發射器。由英國陸軍情報部所開發，供給法國的地下抵抗組織。射程才12m，威力也不大，因此據說會在針上抹毒再使用。全長18cm。

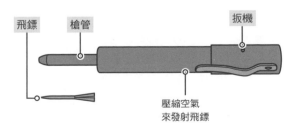

飛鏢　　槍管　　　　　　　　　　　扳機

壓縮空氣來發射飛鏢

間諜工具之
運用
其5

女性間諜
愛用冰錐型的刀具

符合年代 ▷	20世紀初期	**20世紀中期**	20世紀末期	21世紀以後

符合組織 ▷	CIA	KGB	SIS	特殊部隊	其他諜報機構

◎ 為了高效率殺人 而開發的無數刀具

殺人術是間諜必備的技能之一。間諜尤其重視能悄無聲息撂倒對手的刀術與格鬥術。在間諜們刻苦訓練的同時，相關部門也研製出能更有效率打倒敵人的戰鬥刀。其中的核心人物便是隸屬於英國陸軍的威廉・尤爾特・費爾貝恩大尉。

費爾貝恩大尉曾學過日本柔道與中國武術，是創造出費爾貝恩格鬥流派的人物，亦可說是軍隊格鬥術之源流。1940年，他與同屬於英國陸軍的艾瑞克・安東尼・賽克斯大尉共同設計了費爾貝恩・賽克斯戰鬥刀。這把刀是當時兩人任職於上海時，將常用於犯罪的上海刀加以改良而成的產物，以便身材較高大的白人使用。全長為30cm，刀身則是18cm。此外，據說18cm這個長度是假想敵人穿著禦寒大衣的狀態而決定的，為的是確保隔著衣服也能刺傷對手讓其

倒下。突擊隊於1941年用於實戰之中。其後也被諜報機構所採用，還開始發配給間諜。

費爾貝恩大尉還設計了另一款戰鬥用刀具尖型開山刀（Smatchet Knife）。是以農用大刀（Bolo）或彎刀（Machete）作為參考研發而成，全長41cm、重量1kg。刀身較厚，外型如葉片。

刀具通常給人的印象是砍殺用武器，但是也有強化穿刺性能的刀款。呈冰錐狀的穿刺專用刀即為此類。這類刀刃的橫剖面並非圓形，而是能增加穿刺傷口出血量的三角形。此外，穿刺專用刀的握柄處狀似手指虎，是以3根手指抓握來刺入心臟等要害。即便力氣不大也能造成致命傷，是深受女間諜喜愛的武器。

特殊刀具

於短時間內命中要害的特殊戰用刀

戰鬥時必須盡可能在短時間內有效率地擊倒對手。為此而研製出無數強化殺人效率的刀具。

間諜曾進行訓練，為了能刺向人體的要害並於短時間內迅速打倒對手。

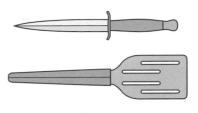

費爾貝恩‧賽克斯戰鬥刀

1940年英國陸軍威廉‧尤爾特‧費爾貝恩大尉與艾瑞克‧安東尼‧賽克斯大尉所設計的戰鬥用刀具。以上海刀為原型，改良成從多層衣服外也能刺進要害的刀具。突擊隊曾於1941年的挪威奇襲作戰中使用它。

尖型開山刀（Smatchet Knife）

英國陸軍威廉‧尤爾特‧費爾貝恩大尉於第二次世界大戰中所設計的戰鬥用刀具。是以在菲律賓或印尼作為農具使用的刀子為參考。外型如葉子，全長41cm，重量為1kg。刀刃厚實且硬度高，十分鋒利。

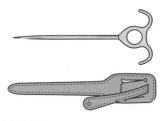

穿刺專用刀

只用於穿刺對手的冰錐型刀具。為SOE所用。用3根手指抓握，刺向對手的頭部或心臟等要害。刀刃的橫剖面設計成三角形而非圓形，能使穿刺造成的出血量更多。只要穿刺便能擊倒對手，因此女性常攜帶這種刀。

光學迷彩與無人機等
高科技機器令科幻電影都相形見絀

符合年代 ▷	20世紀初期	20世紀中期	**20世紀末期**	**21世紀以後**

符合組織 ▷	**CIA**	KGB	**SIS**	特殊部隊	**其他諜報機構**

◎ 利用尖端技術的
　無數高性能間諜裝備

運用於間諜行動的兵器每天都在進化當中。而UAV可以說是其中的代表。

所謂的UAV，是Unmanned Aerial Vehicle的縮寫，一般指的是無人航空載具。又有以無線遠距離操控以及利用電腦程式自動飛行之分。大多情況下會作為間諜偵察機而搭載數位相機或錄影機，在偵察敵方或從空中監視時發揮作用。

「光學迷彩」在需要進行隱密的間諜行動時是不可或缺的。這是一種運用最新科技的裝備。所謂的迷彩是讓自己融入周遭風景而不易被發現的技術，迷彩紋的軍服等即為最具代表性的例子。相對於預先配合現場色彩的迷彩服，光學迷彩則是運用有如魔法般的技術，將背景映照在擬作銀幕的人體上。實現這種技術的是一種名為「回復反射材料（Retro-

reflective Material）」的素材，能讓光沿著入射方向反射回去。在衣服等目標物上塗上回復反射材料，再利用投影機等來投映影像，即可形成即時的光學迷彩。

對方難以察覺，而己方看得一清二楚——執行間諜行動時，沒有比這個更有利的狀況了。如果光學迷彩是使人難以察覺的兵器，那麼夜視鏡便是讓人易於看清的兵器。在黑暗之中仍可看得一清二楚的夜視鏡大致分為兩類，一種是可以增強星光等微弱光線的星光夜視鏡，另一種則是能增強物質所放射出的紅外線，使物體變得肉眼可見的被動式紅外線夜視鏡。

其他還有可在2小時內持續傳送360°影像與聲音的球型偵察相機、筆型數位錄音機、行動電話型手槍等，支援間諜行動的高科技裝備多不勝數，猶如科幻電影一般。

高科技機器①

可若無其事使用的超高科技小型裝備

隨著科技的進化，人們持續開發出高科技的間諜工具。在此介紹便於攜帶且高性能的小型機器。

槍

特殊武器

防護用具

偵查工具

交通工具

特殊電擊器

與電流電擊器的差別在於，特殊電擊器這種武器能夠讓人處於「保有意識但動彈不得」的狀態。其具有阻礙來自腦波之電流訊號的功能，導致驅動肌肉的神經無法傳遞訊號。在訊問對手時很有效，為FBI所採用。

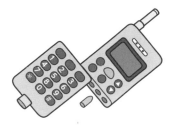

行動電話型手槍

功能型手機造型的偽裝槍。只要按下按鍵就能從天線部位發射出實彈。可連續發射4發子彈，具有足以殺傷10m外目標物的威力。隨著走私問題日益嚴重，有些國家會在機場檢查乘客手機的真偽。

眼球監視器

球型的軍用偵察相機。直徑為85mm大，會以投入、滾入或懸掛等方式用於偵察場所。經常用於挾持案件或坍塌事故現場等，即便是危險場所，仍可一邊確認內部狀況一邊進行攻堅。

筆型數位錄音機

搭載了錄音功能的原子筆。有各種款式，形狀與功能五花八門。亦可作為一般的筆來使用，還能在桌上邊寫筆記邊錄音。除了錄音以外，有些甚至附加了讀取手寫字或翻譯的功能。

利用空中高科技機器輕鬆偵察

透過高科技機器，讓空中監視能輕而易舉地執行。機體較小，經常用於都市地區。

小型無人機

運用方式相當多樣，除了監視或追蹤犯人外，還可搭載電擊槍來逮捕犯人等。尤其是歐美，近年還利用無人機來執行守衛任務，開發也持續進行當中。圖為高角度凸輪軸的迷你無人機，可在高50m、半徑約150m的範圍內飛行。

HMD（頭戴式顯示器）

無人機是以遙控器來操作。戴上HMD來觀看裝於無人機上的相機影像，就能用一種宛如自己正在飛行的感覺來操控。

搭載相機的小型飛機

偵察用與民間用的小型飛機，目的在於享受空拍之樂。軍用方面則有一款搭載了UAV系統、名為「蚊子（Mosquito）」的飛機，全長85cm大，可從空中偵察敵方。以遠距操控來進行基本操作。

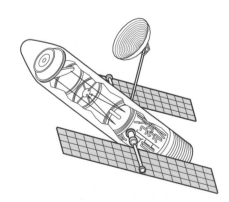

間諜衛星

為了實現真正的電波傳送影像，美國於1976年發射了名為KH-11的首號衛星。利用反射式望遠相機拍攝的影像會轉換成電流訊號，並轉送至地表上的接收台。這類衛星隨著每次發射都會改良影像的解析度，有些還能進行夜間偵察。

高科技機器③

考慮到各種狀況而開發出的高科技機器

在黑暗之中也能看清四周的護目鏡等，目前已開發出如魔法般的全新裝置。在此介紹其中一部分。

槍

特殊武器

防護用具

偵查工具

交通工具

夜視鏡

在一片漆黑中也能看清四周的裝置。透過微弱光線或溫度所散發的紅外線，使物體可視化。原本皆為軍事所用，但近年來開始搭載於車上，藉由其功能於夜間告知駕駛人行人的存在。有護目鏡型、雙眼鏡型、防水型等各種用途的產品。

手錶相機

附帶相機功能的手錶。與男用手錶差不多大，可在確認時間的同時進行拍照。內建圓形底片，可拍攝6張。沒有一般相機的觀景窗功能，不容易拍攝，因此須具備拍攝技巧。

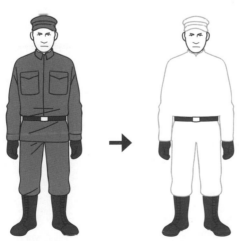

光學迷彩

以光學方式將物體進行偽裝的迷彩素材。可如變色龍般配合背景進行偽裝，目前已開發出能夠看到本體後方的技術。也會運用在衣服等各種形體上，目前正在開發不光是視覺上的偽裝，連雷達都難以探查到的隱形技術。

防彈背心能防禦槍彈，
對刀刃的承受力卻不佳

符合年代 ▷	20世紀初期	20世紀中期	20世紀末期	21世紀以後

符合組織 ▷	CIA	KGB	SIS	特殊部隊	其他諜報機構

◎ 達成任務的第一步
便是保護自己身體的裝備

對於執行任務時經常與死亡相隨的間諜而言，自衛的裝備是不可欠缺之物。

在多不勝數的自衛裝備當中，格外有效的便是防彈背心。防彈背心的歷史悠久，一般認為其原型出現在美國西部開拓時代。防彈背心是在1900年代後才形成如今的外型。其後仍隨著槍枝性能的提高而持續改造進化當中。

現在的防彈背心根據其構造大致上可以分成2類。其一是內藏金屬板的防彈背心。可藉由板子的厚度與材質來防禦手槍的子彈。從另一方面來說，這種防彈背心相當重，如果是足以抵擋來福槍子彈的款式，甚至超過10kg，而且有時子彈還會反彈而危及周遭的人。

另一種款式則是以特殊纖維層層疊疊編織而成。這種防彈背心是藉由緩和中彈時的能量來避免致命傷。耐熱與耐磨擦的效果絕佳亦為其特色所在。然而，雖然這種防彈背心可以避免子彈貫穿，但仍然會受到子彈的衝擊力，所以無法毫髮無傷。此外，對於刀具攻擊的承受力較低，三兩下就會被劃破。話雖如此，對間諜而言，不顯眼且能輕便活動是至關重要的。據說在執行任務時，絕大多數的間諜都會在衣服下面穿上這種編織款的防彈背心。

若要找一個代替刀具作為防身用的武器，間諜會攜帶電擊器。這種利用電擊來攻擊對手的武器相當著名，其最大的特徵在於不會讓對手負傷。電影等常出現讓對手昏厥的場景，但實際上電擊器只是造成疼痛、有嚇阻對手的效果罷了。在間諜行動中，有時不讓對手流血也是很重要的。電擊器不會留下血跡，所以很適合用於祕密行動。

防護用具

風衣外套曾是戰鬥服

男女都很常穿的風衣外套原本是戰爭期間為了防身而打造的戰鬥服。

槍

特殊武器

防護用具

偵查工具

交通工具

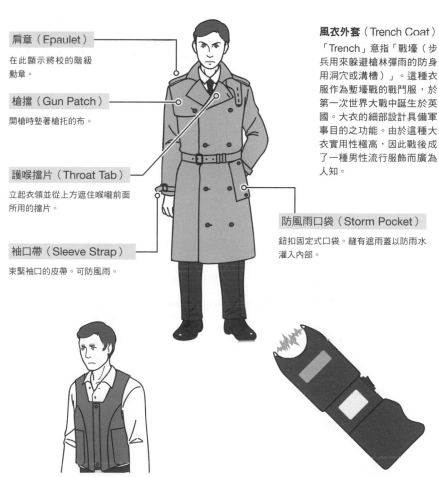

肩章（Epaulet）

在此顯示將校的階級勳章。

槍擋（Gun Patch）

開槍時墊著槍托的布。

護喉擋片（Throat Tab）

立起衣領並從上方遮住喉嚨前面所用的擋片。

袖口帶（Sleeve Strap）

束緊袖口的皮帶。可防風雨。

風衣外套（Trench Coat）

「Trench」意指「戰壕（步兵用來躲避槍林彈雨的防身用洞穴或溝槽）」。這種衣服作為塹壕戰的戰鬥服，於第一次世界大戰中誕生於英國。大衣的細部設計具備軍事目的之功能。由於這種大衣實用性極高，因此戰後成了一種男性流行服飾而廣為人知。

防風雨口袋（Storm Pocket）

鈕扣固定式口袋。縫有遮雨蓋以防雨水灌入內部。

防彈背心

一般的防彈背心裡裝設了金屬板，但間諜所穿的防彈背心則是以使用特殊纖維製成的較為理想。這種防彈背心輕量且防彈性佳，還具備耐熱效果。然而對刀刃的承受力不佳，一旦被割到就會立即裂開。

電擊器

利用電擊攻擊對手的工具。具備5萬～110萬伏特的電壓，接觸到雖然會痛，但不具備殺傷力。特徵是能攻擊對手卻不會使對手負傷。在媒體上常會表現成能使對手昏厥，但實際上相當困難。

間諜工具之運用 其8

逃走之際會像忍者一樣使用煙幕

⊙ 在擾亂或絆住對手上顏具效果的3種逃走用具

忍者是日本最著名的間諜。他們所使用的各種忍術用具現今仍活用於間諜行動之中。其中最具代表性的便是煙幕與撒菱。

煙幕是製造大量煙霧遮蔽對手視線以便逃走的工具。類型豐富多樣，而間諜所用的一般是非常方便攜帶的煙霧彈。

這種煙霧彈外觀看似噴霧罐，裡面則裝有能形成煙霧的混合劑，一拉開安全裝置就會噴出煙霧。就算只有一點點的風也會擴散開來，因此只要是在密閉空間內，轉瞬間便能遮蔽對手的視線。據說近年來的煙幕甚至還具備干擾紅外線感應器或遮蔽雷射光的效果。

撒菱是一種將刺狀金屬撒於地面以拖延敵人進攻的工具。現代則是活用刺胎釘作為武器，讓車子爆胎以牽制敵人的機動力。

一般的刺胎釘形狀和撒菱相差無幾，無論如何滾動，尖刺都必定會朝上。此外，刺胎釘在沙地等地面較軟的場所無法發揮出效果，故而現在也在開發沙地刺釘這種工具，希望在沙地上也能獲得同樣的效果。

還有一種廣為使用的逃走用具便是催淚瓦斯噴霧。其內容物一般是以辣椒為主要成分的辣椒噴霧，會朝著對手的眼或鼻噴射。其威力驚人，僅僅接觸幾秒鐘就會立即見效，還能持續30分鐘。尤其是最初的10分鐘左右，據說會什麼都做不了。催淚瓦斯噴霧依噴射方式分為3種，分別是容易命中對手的霧狀型、噴射距離較長的水柱型，還有介於這兩者之間的泡沫型。

逃走用具

小巧卻效果斐然的防身用具

間諜優先考量的是輕便性，因此連防身工具都追求攜帶性絕佳的用具。在此介紹這類用品。

催淚瓦斯

這種瓦斯只要噴向對手的眼或鼻即可造成強烈的刺激，使對手喪失戰鬥能力。催淚瓦斯會造成灼燒般的疼痛，使眼淚與鼻水流個不停，連站著都很困難。「霧狀型」的噴霧會廣泛擴散開來，在對手眾多時也有效。不過自己也有可能遭到波及。

煙霧彈

此裝置的目的是製造煙霧以隱藏身影或是逃跑。間諜的持有物最好便於攜帶，因此較常使用手榴彈型。煙霧彈不會爆炸，只要扯掉安全裝置就會出現孔洞並噴出煙霧。現代不僅會用來隱藏身影，還會用於干擾紅外線感應器。

刺胎釘

將刺胎釘撒在地面，讓從上方通過的車輪爆胎。無論如何擺放，尖刺都會朝上。刺胎釘的大小約10cm，比日本忍者所用的「撒菱」還要大，而且具有鋒利的刺。不適用於地面較軟的沙漠，會因為車子的重量而沉下去無法作用。

最受間諜青睞的相機
是市售品

符合年代 ▷	20世紀初期	20世紀中期	20世紀末期	21世紀以後

符合組織 ▷	CIA	KGB	SIS	特殊部隊	其他諜報機構

◎ 可謂間諜代名詞的 小型相機誕生於1936年

潛入敵營的間諜會找出極機密文件並快速拍照存證。這是間諜電影中的經典畫面。實際上間諜進行偷拍的案例很多，這種時候他們所使用的便是最具代表性的機種：米諾克斯相機（MINOX）。

德國人瓦爾特·察普為光學工程師兼MINOX公司的創始人，以其為核心的團隊於1936年開發出的米諾克斯相機，原本是作為市售品來販賣的產品。然而，因為其驚人的性能，直到1990年代為止都被廣泛運用於間諜活動中。

這款相機的其中一個優異之處，便在於其微型的機身。它的全長大約8cm，是可以收於手掌中的大小，同時又實現了快門速度的高速化。1條19mm的底片組可以拍攝50張照片，這點也有助於普及。它甚至能藉由高性能的鏡頭將拍到的照片放大。

此外，這款相機沒有焦距調整功能，由於最短拍攝距離為50cm，因此據說在拍攝文件時，會垂下一條裁成50cm長的測量用鏈條來量距離。

1950年前後開發出許多可以在眾目睽睽之下偷拍的小型相機。火柴盒相機、打火機型相機、手錶型相機即為此類。

火柴盒相機如其名所示，即是大約為火柴盒大小的相機。會貼著使用地區實際有在販售的火柴盒標籤。打火機型相機則是在一般裝油的打火機中安裝小型相機。有些還可以實際點火使用。

2000年以後，連小型相機都能拍攝彩色照片或有連拍功能，圖像也變得更清晰了。

小型相機

為了絕對不會敗露而經過改良的小型相機

間諜會在潛入處偷拍機密文件等情報。為此而開發出了小巧且高性能的相機。

打火機型相機

在一般的打火機上搭載相機的偷拍用相機。可實際當作打火機來使用，一邊點燃香菸一邊拍攝。電影《羅馬假期》中報紙記者喬伊所使用的便是1950年代於日本製造的「Echo-8」。

針孔相機

KGB的間諜於1980年代所使用的小型相機。未使用照相鏡頭，而是利用針孔（Pinhole）打造而成。無論拍攝對象待在哪個位置都不會失焦，但拍不出非常清晰的照片。此外，它也無法拍攝移動的物體。

火柴盒相機

在小型相機的外盒貼上火柴標籤，是一款假裝成火柴盒的偷拍用相機。在第二次世界大戰中為OSS所使用。會根據使用地區更換所貼的標籤。因為不起眼，所以可以輕易進行移交。

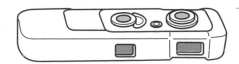

米諾克斯相機

直到1990年代為止各國的諜報組織都曾使用的小型相機。原本是於1936年發售的市售用相機，但因為小巧且性能很高而開始為間諜所用。無對焦功能，因此拍攝時是用測量用的鍊子來決定距離。

使用偽裝成蟲子
或糞便的偵察工具

符合年代 ▷	20世紀初期	20世紀中期	20世紀末期	21世紀以後

符合組織 ▷	CIA	KGB	SIS	特殊部隊	其他諜報機構

◎ 埋沒在時代之中，與眾不同的祕密工具

美國的CIA將間諜所用的特殊工具稱為「Sneaky」。竊聽或偷拍、遭敵方發現時逃走用的工具等等，Sneaky所含括的工具其實很廣泛。

比方說，乍看之下平淡無奇的梳子，其中卻收納了用來切割監獄鐵欄杆的鋸子、指南針、顯示敵方占領地的地圖等。此外，為了順利逃脫，地圖至關重要，間諜會以各種方式攜帶逃走用的地圖。比較出人意表的是藏有地圖的撲克牌。撕下撲克牌的表面後就會看到一部分的地圖，將撲克牌依照數字大小排列後，即可完成1張大地圖。

入侵上鎖的建築物時可以派上用場的萬用刀，也是間諜的代表性Sneaky。形狀猶如現今的瑞士刀，收納了能廣泛應對各種鎖的工具。順帶一提，開鎖需要一定程度的技術，據說諜報機構曾經雇用退隱的小偷來擔任指導。

在為數眾多的特殊工具中，也包含了許多令人不禁質疑其實用性的物品。其中之一便是鴿子相機。這種相機是將相機安置在鴿子身上，從上空拍攝目標物，英國曾經在第一次世界大戰中實際用過。

1970年代CIA開發出搭載了微型感應器的昆蟲型MAV（超小型無人機）。據說是模擬全長約6cm的蜻蜓所製成的機體，可以上下拍動翅膀來飛行。

美國同樣在1970年代打造出模擬動物糞便的發訊機，並投入越南戰爭之中。據說這個樹脂製的糞便中內建了感應器、發訊機與電池，美軍便靠這個掌握了越南軍隊的動向。

特殊工具

將出乎意料之物作為間諜工具來活用！

以前曾開發出各式各樣用於諜報行動之中的工具。在此介紹幾項較為獨特的工具。

鴿子相機

將可自動按下快門的相機安裝在鴿子身上，使之飛往敵營上空。在第一次世界大戰中為各國所使用。

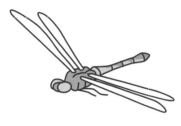

昆蟲型MAV

為了蒐集情報，CIA於1970年代開發出來的超小型飛翔物體。擬態為蜻蜓，體內搭載了小型馬達。可以上下拍動翅膀來飛行。

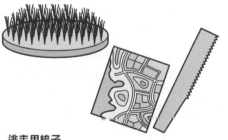

逃走用梳子

拔起梳子上的毛後裡面呈空洞狀，便會掉出逃走用工具。裡面裝有用來切割監獄鐵欄杆的鋸刀、敵營的地圖與指南針等。用於第二次世界大戰期間。

糞型發訊器

美國於1970年代開發而成。偽裝成動物糞便的塊狀物中裝有感應器、發訊機與電源。於越南戰爭期間用來鎖定越南軍的動向。

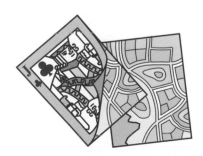

機關撲克牌

揭下撲克牌的表面後會出現地圖的片段，將每張牌連接起來便成為1張逃走用的地圖。據說用於第二次世界大戰期間。

沙漠中的偵察車
會漆成粉紅色使之不易被察覺

符合年代 ▷	20世紀初期	20世紀中期	**20世紀末期**	**21世紀以後**

符合組織 ▷	**CIA**	KGB	**SIS**	特殊部隊	其他諜報機構

⊕ 從不顯眼的一般車輛
至折疊式小型摩托車

電影《007》系列中，詹姆士‧龐德所開的座駕搭載著祕密兵器，而現實中的間諜都是利用什麼樣的移動手段呢？間諜不能在行動中被識破其身分，因此會以融入周遭為優先。龐德的座駕是一輛如奧斯頓‧馬丁般的跑車，但現實中間諜所活用的反而是不引人注目的中古轎車等。若諜報行動中鎖定的對象屬於富裕階層，則接近其住宅區等情況，有時也會駕駛高級車。

若是要在荒野或沙漠中移動、入侵，有時也會搭乘特殊車輛。英國的越野車荒原路華（Land Rover）的粉紅豹，也曾為英國陸軍特殊部隊SAS所用。粉紅豹如其名所示，為了融入沙漠之中而塗裝成粉紅色，並採用低壓輪胎以免遭沙塵掩沒。

荒原路華公司生產的四輪驅動車Range Rover也曾為SAS所用。它被改造成突擊搬運車，可以透過安設在車上的梯子將突擊部隊送進高處。英國國軍在第二次世界大戰中也利用Range Rover來進行極機密的監視活動。據說成功從塗黑的車窗內祕密拍照攝影。

間諜要從陸地上入侵時也會使用摩托車。摩托車還有個優點是在世界各地皆已普及，所以可在當地輕鬆取得。名為威爾的折疊式小型摩托車，可以在由飛機攜帶的狀態下直接使用降落傘降落。如此便可從落地地點快速移動至目的地。

若在寒冷地區的雪上進行作戰，則會使用雪上摩托車，其性能即便在起伏劇烈的地形中，也能以時速100km以上的速度移動。

特殊車輛

用於陸地的軍事與偵察用車輛

從陸地上潛入較容易被目標對象發現，會在車輛上耗費各式各樣的功夫。

輕型突擊車（LSV）

美國與英國的特殊部隊在波斯灣戰爭期間所使用的車輛。基本上設計為2～3名士兵搭乘，車輛的側面有收納行李的空間與架子。曾用於奇襲、偵察任務或支援特殊部隊。

HMMWV（悍馬）

從1985年開始向美軍供應配備的AM General公司所生產的高機能多用途軍用車輛。每個部隊會各自加上獨自的改造，從搬運彈藥至支援部隊，用途十分多樣。

荒原路華

SAS長年使用、別名為「粉紅豹」的車輛。整輛車都塗裝成粉紅色以融入沙漠之中，特徵是裝於引擎蓋上的備用輪胎。

雪上摩托車

特殊部隊在寒冷地區所使用的高速軍用雪上摩托車。即便在起伏劇烈的地形中也能以時速100km以上的速度奔馳，並為了能安靜行駛而下了不少功夫。軍事上的祕密作戰也有不少是在北極地區執行。

威爾摩托車

第二次世界大戰中主要由英國空降部隊所用的小型摩托車。折疊後收納於貨櫃中，直接以降落傘空投。部隊著陸後即可快速移動至目的地。

容易遭敵方攻擊的觀測熱氣球
會動員200人來加強護衛

符合年代 ▷	20世紀初期	20世紀中期	20世紀末期	21世紀以後

符合組織 ▷	CIA	KGB	SIS	特殊部隊	其他諜報機構

◎ 從南北戰爭到冷戰時期
都會把熱氣球活用在偵察上

熱氣球於18世紀前後成功載人飛行，可以從上空俯瞰地面，因此也被活用在戰場的情報蒐集上。最初從空中偵察時所採用的並非飛機。

一般認為使用熱氣球進行偵察是始於南北戰爭。在之後的第一次世界大戰中，熱氣球也為協約國與同盟國雙方所用。

砲兵將校會穿戴著降落傘坐進熱氣球裡當觀測員。他們最高會上升至1500m，利用有線電話將敵方情報傳送至地面。地面部隊便據此發動砲擊等攻擊。

飄浮在空中的熱氣球本身並未進行武裝，因此很容易成為敵方攻擊的絕佳標的，不過地面會設置機關槍或對空砲等，攻擊靠近的敵方飛機以護衛偵察熱氣球。

第一次世界大戰後，隨著飛機與無線電等技術的進步，以載人熱氣球

進行的偵察行動遭到廢止，不過在後來的歷史中仍有使用偵察熱氣球。在以美國為主的自由主義國家與以蘇聯為主的共產主義國家激烈對立的冷戰時期，美國曾利用無人熱氣球來偵察蘇聯。

無人熱氣球下懸吊著吊籃，其中搭載了偵察用相機、氣壓計、數據發訊機等，乘著由西往東吹的偏西風，從美洲大陸飛向蘇聯。原本的計畫是在蘇聯領土內的上空拍攝照片後，飛至太平洋上方再回收熱氣球，但據說未能取得什麼有用的情報。

由於這是極機密的偵察計畫，這種無人熱氣球在美國國內都是以製作地圖或氣象觀測這類名目升空。當時使用了大量的這種無人熱氣球，因此很多人都誤認為是UFO，頻頻發生「UFO目擊事件」。

冒死觀測的熱氣球之陣地營造

在把熱氣球作為軍事之用的時代，運用一顆熱氣球需要大量的勞力。在此讓我們看看其樣貌。

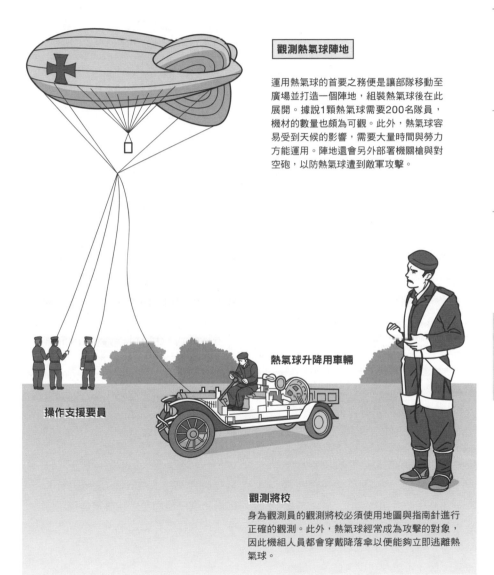

觀測熱氣球陣地

運用熱氣球的首要之務便是讓部隊移動至廣場並打造一個陣地，組裝熱氣球後在此展開。據說1顆熱氣球需要200名隊員，機材的數量也頗為可觀。此外，熱氣球容易受到天候的影響，需要大量時間與勞力方能運用。陣地還會另外部署機關槍與對空砲，以防熱氣球遭到敵軍攻擊。

熱氣球升降用車輛

操作支援要員

觀測將校

身為觀測員的觀測將校必須使用地圖與指南針進行正確的觀測。此外，熱氣球經常成為攻擊的對象，因此機組人員都會穿戴降落傘以便能夠立即逃離熱氣球。

43

善用直升機或降落傘，
間諜也會從天而降

如科幻電影般充滿未來性的飛行裝置也已經實現！

在間諜的隱密行動中，若要從空中潛入，其中一個手段便是搭乘直升機接近目標地點。

從空中潛入雖然有能夠迅速且正確執行的優點，卻也有容易受天候影響的缺點。

若是能著陸，會在地面讓間諜下機，但如果不可行，間諜便會順著繩索降落至地面，或者是利用降落傘來降落。

利用降落傘降落時，又分為HAHO（高空高開）與HALO（高空低開）2種跳傘方式。從10000m的上空跳下後，HAHO會在高度8000m處開傘，HALO則是在高度750m處開傘。HAHO有一定的高度，因此能夠滑翔數公里，直到著陸為止都不會被發現，可越過國境潛入敵營。另一方面，HALO的降落距離較短，因此可以快速進入敵營，降落

在正確的位置。此外，降落傘的傘翼又分為好幾種，傘翼呈四角形的衝壓空氣篷，在操作性與滑翔移動性上俱佳，經常被特殊部隊等運用。

說到兼具實用性與未來性的裝置，那就是科幻電影中出現的噴射背包。這是一種將小型噴射機背在背上飛行的裝置。在1984年洛杉磯奧林匹克運動會的開幕典禮上，曾在大批觀眾面前使用噴射背包飛行，因此知道的人應該不在少數。

其後雖然仍然持續針對噴射背包的安全性等進行相關開發，但是2019年在法國的軍事閱兵儀式上，出現了更加充滿未來性的「噴射滑板（Flyboard Air）」。如美式漫畫的英雄般在空中飛翔，震驚世人。據說這是一種單人乘坐的圓盤狀裝置，能夠以時速高達190km的速度飛行。如果再進一步開發，或許還能運用於極機密的作戰行動之中。

空中交通工具

用來從空中潛入的隱密飛行載具

將諜報人員送入敵營時，主要是使用直升機或降落傘。在此介紹其具體的方式。

直升機

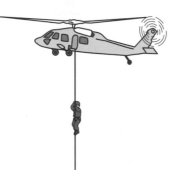

FRIES（潛入逃脫用的快速繩降系統）
從停於空中的直升機垂吊繩索讓部隊要員垂降落地的方式稱為「快速繩降（Fast Rope）」。然而，倘若有遭受周邊敵對勢力攻擊的疑慮，則會採用「快速繩降與回收（Fast Extraction Rope）」，該系統即稱為FRIES（Fast Rope Insertion Extraction System）。這種系統在降落時能夠在身體不轉動的情況下順暢地移動，在高度緊急的時刻用來著陸或撤退。

降落傘

又稱為「跳傘」，空降部隊降落或是空投貨物時使用。特殊部隊使用降落傘從空中潛入敵營之際，有HAHO與HALO這2種手段。HAHO是從10000m的上空跳下後，於高度8000m處開傘。HALO則是於高度750m處開傘。

噴射背包

背負著小型噴射引擎進行飛行的裝置。使用過氧化氫或柴油燃料、燈油、甲醇等來驅動引擎，使之噴射即可飛行。移動距離約1km，最高速度約120km/h。現在仍在持續進行提高安全性與功能性的開發。

利用藏身水中的小艇
來襲擊停泊中的船隻

符合年代 ▷ | 20世紀初期 | 20世紀中期 | 20世紀末期 | 21世紀以後 |　符合組織 ▷ | CIA | KGB | SIS | 特殊部隊 | 其他諜報機構 |

在海中悄悄接近敵方
來執行破壞工作或諜報行動

　　從海中祕密潛入敵營時，一般會使用小型船或是橡膠艇等作為交通工具。有別於大型船，小型船具備連雷達或探測機都難以察覺的優點。橡膠艇則只要搭載於船隻或潛水艦等，即可輕鬆運送。

　　英國的特殊部隊也曾為了潛入而使用衝浪板。多名隊員以匍匐狀態趴在衝浪板上，將隨行物夾於雙腳之間固定。以這種方式從潛水艦開始移動並從海岸登陸。

　　在海中執行破壞工作所使用的兵器中，還有一種英國海軍的馬達水中小型潛艇稱為SB艇，名字取自「Sleeping Beauty（睡美人）」的首字母。

　　原本在第二次世界大戰中，是利用一般的小艇悄悄接近停泊中的敵方船隻並進行攻擊，但後來戒備經過強化後變得難以靠近。英國便是為了鑽

進這些防衛網而開發出了SB艇。從船上出發的SB艇會先在水上航行，靠近敵方時才改成潛航以接近目標。也會為了確認目標而僅有臉部探出水面，採取半潛航行。他們便這樣趁對方尚未發現時進行了攻擊。

　　SB艇是在英國開發而成，但美軍在第二次世界大戰中設立的OSS也有採用。OSS是相當於CIA前身的諜報機構，SB艇「可以暗中接近敵方」、「從海上入侵時可先在淺灘處下沉藏於水中」的這些功能，用於諜報行動再適合不過了。

　　間諜即使不使用任何移動工具，隻身一人去潛水也能有效執行破壞工作。由於是極機密的活動，有時還會使用閉迴路式且具備匿蹤功能的特殊水肺潛水器材，以免因冒泡而被敵方察覺了行蹤。

海上交通工具

用於海上特殊任務的各種船隻

間諜會利用小船或潛水艇，在不被發現的情況下接近敵方船隻，接著潛入裝設炸彈。

小型艇（攻擊船艇）

所謂的攻擊船艇是指戰鬥時為了載著兵隊或貨物直接駛上岸邊所使用的小型船。有各式各樣的類型，即使載著大量貨物仍可不減速地移動，各種性能已有所加強。許多國家皆作為祕密潛入之用。

小型潛水艇

可於水中潛航的船即稱為潛水艇，軍用的大型船則稱為潛水艦。因為是小型船，所以能搭載的武器與燃料也少，不適合長距離的潛航。通常用來攻擊敵方母艦使之進水，或作為潛入之用。

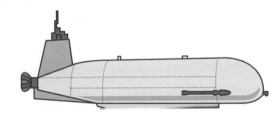

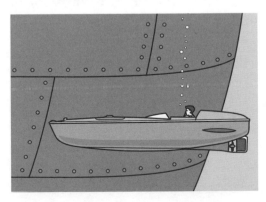

SB艇

1942年時搭載了於英國開發而成的電動馬達，獨木舟型的小型潛水艇。為「Sleeping Beauty（睡美人）」的縮寫。用來接近敵方艦船並裝設炸彈。可潛航至深度15m左右，亦可緊貼水面潛水接近。

提防色誘！
KGB的美人計

在性技巧上登峰造極的諸多間諜

　　利用美色誘惑使對手落入圈套即稱為美人計。這是前蘇聯的情報機構「KGB」一直以來慣用的傳統手法。據說KGB的間諜們不光要掌握槍械的用法、格鬥術、竊聽與偷拍的方法，還要於間諜的訓練中學習性技巧。男性要學會無論什麼樣的女性都能讓她達到高潮的技巧，女性則要訓練能與任何對象發生關係。不光是一般的性技巧，甚至還學會了變態性愛玩法的他們，便是利用這些技巧來引誘目標對象。因為美人計而被抓到把柄的對象，便不得不對KGB言聽計從。

間諜電影或電視劇都是騙人的！
CIA的超寫實
諜報活動實態

若說到最常作為電影與小說等題材的間諜組織，當屬美國的情報機構「CIA」。該組織在過去一直都覆蓋在神祕的面紗之下，如今則順應要求公開情報的輿論走向，而變得相當公開透明。讓我們實際以CIA所公開的情報，與電影或小說中「常見的題材」相互比較，一起探究CIA的實情吧。

沒有高學歷或超能力也OK！

實錄！CIA的**任用基準**

「運動神經超群，不是帥哥就是美女」這點是虛構故事裡間諜的常見設定。
實際上CIA的任用基準又是如何呢？

Q. 只聘僱常春藤盟校的畢業生？

A. 「常春藤盟校」意指美國8所名門大學。以日本來說就好比舊帝大的早慶大學，不過CIA也會任用其他大學的畢業生。

Q. 有刺青者不予任用？

A. 即便在美國這種自由的國家，刺青都不利於就職。然而，即便有刺青也不會影響CIA的聘用，只要有愛國心就OK。

Q. 需要特別的能力？

A. 不需要會折彎湯匙或以千里眼追查到敵人的所在地。據說最重要的是能夠不屈不撓地蒐集或分析情報。

Q. 不會外語不予任用？

A. 潛入外國的人有一定的數量。然而並非所有人員都要潛入外國，因此只會母語也不成問題。

Q. 如果不是幾代人都居住在美國就不予任用？

A. 並非以長期定居美國這點來測試愛國心。即便未住滿1年，只要是美國國籍的持有者都能獲得CIA的聘僱。

向家人坦白間諜身分也無妨

實錄！CIA的**真實生活**

感覺一旦錄用為間諜，就必須過著與至今為止有著天壤之別的生活，而實際
情況又是如何呢？

Q. 一旦加入CIA就不能與家人相見？

A. 工作和家人是兩回事，所以和家人一起生活也不成問題。然而，和家人談及工作內容則會違反職務規定，因此是絕對NG的行為。

Q. 間諜應該駕駛高級車?

A. 視作戰而定。若要潛入上流人士雲集的場合,則駕駛高級車為宜,除此之外則開中古轎車較佳。

Q. 應該鍛鍊出腹肌?

A. 若想演出間諜電影,應該要鍛鍊腹肌,但是真正的CIA沒有一定要練出腹肌。話雖如此,為了健康考量,還是維持精壯的體格為佳。

Q. 禁止社群媒體?

A. 只要不暴露身分或作戰事宜等,即使登錄社群媒體也無妨。在親屬之間享受適當的交流並不構成問題。

性感又危險？

實錄！CIA的**任務**

CIA即便遭遇危險也要完成任務。應該很多人都抱有這樣的印象。那麼實際的任務又是如何呢？

Q. 汽車追逐戰是家常便飯？

A. CIA的工作是遵守潛入國家的法律並完成任務。然而，被敵方發現等任務失敗之時，有時也會演變成汽車追逐戰。

Q. CIA 要緊抓著飛機不放？

A. 間諜電影裡的演員會做出懸掛在飛機下等行為，但現實中的CIA如果有人做出這類舉動，包準會遭受某些處分。

Q. CIA 會使用祕密兵器？

A. 電影中常會使用高科技的機器，但在現實中並不常用。不過CIA的科學家與工程師仍持續開發著高科技的機器。

Q. 女性CIA必須使美人計？

A. 有時會招聘外表姣好的女性作為諜報員（Agent），但不會執行強制發生肉體關係的作戰。這點與前蘇聯不同。

Q. 能以特殊技能迅速甩掉跟蹤？

A. 在冷戰期間，遭前蘇聯跟蹤的間諜會轉乘巴士或地下鐵，改變路線甩開跟蹤者。據說得花4～5個小時。

Q. 間諜會殺死壞人？

A. 間諜大多會偽裝成外交官，因此殺人會演變成國際問題。如果對手是恐怖分子或北韓的情報人員則另當別論。

第2章

間諜行動之守則

間諜必須蒐集敵方情報，還要執行跟蹤或監視等任務。雖然我們大概了解表面上的行動內容，但什麼樣的人較為適任、具體來說需要什麼樣的技能等，詳情不太為人所知。本章節就要來揭開間諜行動的全貌！

間諜的職務主要分為
諜報與殺人2種類型

符合年代 ▷	20世紀初期	20世紀中期	20世紀末期	21世紀以後

符合組織 ▷	CIA	KGB	SIS	特殊部隊	其他諜報機構

◎ 執行部隊的諜報員
並無身分上的保障

所謂的間諜（Spy）是從事諜報行動的特殊情報人員之總稱。現代的間諜又可以大致上分為Case Officer（情報案件專員）與Agent（諜報員）2種。

情報案件專員是指情報機構的內部職員。具有公家身分的保障。隸屬於外交部等國家機構，被派遣至各國的大使館等，在該處執行一般業務的同時，還會執行身為間諜的行動。有時也會假冒成記者或商務人員的身分，潛入他國暗中行動。

諜報員則是接受情報案件專員的指示，並實際執行情報蒐集與祕密諜報行動的專業人員。在第一線執行諜報行動或祕密諜報任務，可說是比較像間諜的間諜，不過被敵方發現或逮捕的風險當然也很高。在這種時候，如果隸屬單位曝了光，狀況惡劣的話，很可能會點燃戰火等，演變成重大事件，因此一般並無公家身分的保障。

間諜有時還可依立場與職務再進一步細分，比如特務頭目（Spy Master）、特務中間人（Cut Out）、臥底者（Sleeper）、鼴鼠（Mole）、暗殺者（Assassin）等。Spy Master是統一管理多名諜報員的首腦。Cut Out意指保險裝置，其存在是為了迴避情報案件專員與諜報員直接接觸的風險。Sleeper則是處於休眠狀態的情報人員，在指令下達之前都過著極其一般的普通市民生活，以結果來說，有些時候一輩子都不會接到指令。Mole意指鼴鼠，是待在敵方組織內工作的潛伏情報人員。Assassin則是指執行暗殺的人。

除此之外，間諜還有各式各樣的職務，名稱會隨著每個情報機構而不同，職務也會有所差異。簡而言之，間諜是無法一概而論的。

間諜的職務

蒐集情報或暗殺等，錄用最適合的人才

間諜是依不同職務來配置專家，會忠實地完成被交付的任務。在此介紹其名稱與職務。

本國人

情報案件專員 Case Officer
（諜報機構人員）
諜報機構的內部職員。雖說執行諜報行動是諜報員的工作，但情報案件專員本身也會蒐集情報或進行破壞活動。又稱為Handler（運作者）。

主要是外國人

諜報員 Agent
（協助者、情報提供者）
以非官方形式受雇於諜報機構的間諜。遵從情報案件專員的指示來蒐集情報或執行祕密諜報行動。在國外活動，因此是經常與危險比鄰而居的存在。

特務中間人 Cut Out
為情報案件專員與諜報員之間的仲介角色。介於兩者之間，讓當地的防諜機構不易察覺間諜的存在。

──※這兩者即為本書中所說的間諜（Spy）──

特務頭目 Spy Master
身為情報機構的首腦，統籌眾多間諜。有些是由大使館的外交官來擔任這項職務。

暗殺者 Assassin
專門執行暗殺的間諜。其名稱起源於殺害敵對勢力領導者的伊斯蘭教一派（阿薩辛派）。

POINT

防諜
國內

諜報
國外

防諜與諜報
探查本國內敵國間諜之動向即為防諜，潛入敵國蒐集情報的行動則稱為諜報。

外表愈平凡不起眼的人
愈適合當間諜

符合年代 ▷	20世紀 初期	20世紀 中期	20世紀 末期	21世紀 以後	符合組織 ▷	CIA	KGB	SIS	特殊 部隊	其他諜報 機構

◎ 記憶力與邏輯思考
為間諜必備的技能

　　間諜也有所謂的適性。敏銳的觀察力是間諜應該具備的基本技能。沒這本事就沒得談。此外，間諜必須要能夠正確記住地點與人事物，並在必要之時回憶起來，否則就沒有意義。唯有能夠重現取得的情報，才是帶回重要情報的間諜必備的才能。

　　舉例來說，優秀的間諜連乍看之下毫無意義的事物也能記在腦海裡。平常走在街上時，眼前的街道是何種面貌、店家的排列為何，還有抵達目的地為止有幾盞路燈、郵筒設置於哪個街角等，他們都會一一記住。若是連經過的車子數量、其車款或駕駛的臉孔，都能因應需要回想起來的話，便可說是超級一流的間諜。

　　邏輯思考也是間諜應該具備的能力。倘若注意力全放在眼前的狀況，使得視野變得狹隘，就白白浪費了難得的觀察力。間諜還要進一步根據邏輯依序梳理出因果關係：為何目標對象會採取那樣的行動？是如何導致發生那樣的狀況？然而，過度受限於邏輯（Logic）並非好事。有時採取推翻原有脈絡來思考的方式也很有效，比如思考有無其他方法可以解決這個狀況等。若是一流的間諜，不光是邏輯性思考，有時還必須要運用多角度的思考法。

　　此外，出於工作性質，間諜大多要在人生地不熟的地方執行任務。間諜的打扮不能引人注目，言行舉止都必須要順應該國的文化，以免啟人疑竇。不僅如此，不光是文化，遵守不同國家的法規也是基本中的基本。再來便是確實遵從上級的命令，如此一來便可稱得上是獨當一面的間諜。

間諜的條件

外表普通但心思縝密的能幹之人較為適任

間諜也不是任誰想當就能當的。存在著一些必須遵守的規則與條件。

平凡的外表

令人印象深刻的五官容易被記住，因此間諜的容貌大多都很平凡。連服裝都穿得很樸實以免太顯眼。

基本上要遵守法律

令人意外的是，間諜大多會遵從該國的法律來執行情報蒐集與跟蹤等行動。這是為了避人耳目。然而，身陷險境時則可能會無視法律。

不計個人利益

凡事計較得失的人不適合當間諜。真正的間諜無論以多少錢利誘都不會背叛。

惟命是從

間諜不會無視特務頭目的指示而擅自行動。間諜必須要忠於任務。

Column

特務頭目不受限於法律

若在他國違反法律，當然無法免於逮捕或是刑罰。然而，外交官是例外。基於「外交官豁免權」，以該國的國內法無法將其定罪。如今會由外交官來擔任特務頭目，某方面來說正是因為可以「合法地」執行間諜行動。

危險如影隨形的間諜有哪些必要的心理準備？

間諜是沒有性命擔保的危險職業。因此從平日就會遵循一套既定的心理準備，並依照這個來行動。

留意文化

若不融入該國的文化，便會如鶴立雞群一般，進而暴露間諜的身分。對異國文化的理解對間諜而言是不可欠缺的。

留意外表

如果肌膚粗糙，很可能成為一種特徵而被他國間諜記住。時刻保持外表乾淨得體是間諜必要的心理準備。

留意周遭狀況

間諜只要入侵他國就有被捕的潛在危險。必須隨時留意周遭狀況，確認是否有可疑之人盯上自己。

留意跟蹤

跟蹤與監視這類情報蒐集是間諜的工作，因此有時會成為敵國跟蹤與監視的對象。間諜在跟蹤的同時也會留意是否被跟蹤。

間諜的記憶力

卓越的記憶力與敏銳的洞察力息息相關

間諜會察覺到危險等，對暗藏危機的動態十分敏感。這是奠基於對任何事物皆能過目不忘的敏銳記憶力。

記住車牌號碼

記住揚長而去的車子車牌號碼對間諜而言易如反掌。間諜皆具備連車款與顏色等都能記住的能力。

記住窗戶數量

要完成間諜任務需要敏銳的觀察力。因此間諜連大樓窗戶數量這類細枝末節的事都能牢記於心。

記住擦身而過的人的容貌

即便只是瞬間擦身而過的人，間諜也能回想起其面部特徵。記住人臉雖難，但可以透過訓練來記憶。

間諜檔案

記憶力的鍛鍊法

間諜須具備極佳的記憶力，這種能力可透過訓練習得。並沒有特殊的鍛鍊法，而是同一本書閱讀多次，或是拚命記住寫在紙上的數字等，透過不斷反覆這類無趣的作業讓記憶力發揮至極限。

姓名與出身全是捏造的！
偽造經歷是間諜的慣用手段

符合年代 ▷	20世紀初期	20世紀中期	20世紀末期	21世紀以後

符合組織 ▷	CIA	KGB	SIS	特殊部隊	其他諜報機構

⊙ 雖是偽造的履歷 仍需詳細的設定

偽造經歷對於主要在敵國活動的間諜而言是不可或缺的。因為冒充成虛假的人格與偽造的立場，可以讓任務執行起來更為順遂。尤其是潛入他國之際，精心編造一份天衣無縫的經歷有其必要。不僅是年齡、出身、學歷與工作經歷這些較一般的履歷，連興趣與嗜好等都要詳細設定。打造一個明確的人格，才有可能在敵方內部自由活動。

話雖如此，設定如果過於複雜也很難一一牢記。可能稍有不慎就會露出破綻，為了掩飾一些矛盾之處就得不斷扯謊自圓其說，最終導致對方產生不信任感。過於簡單雖然容易遭人懷疑，但一定不會設定得太過複雜。編造經歷時在這方面的分寸拿捏就變得很重要。

設定特技或興趣時，必須是自己能執行無礙的事。如果興趣是觀看運動賽事，向專家學習特定競技的相關知識即可設法達到一定程度。但如果是要親自下場，又是另外一回事了。就算要潛入網球愛好者的團體之中，明明不會打網球卻要佯裝成自己的興趣也是很危險的。如果臨時抱佛腳即可達到一定程度倒也無妨，但有些學問或運動的實用技巧等，並非一朝一夕就能學會運用，要將這類需要經驗累積的事項加入簡歷中時，必須格外留意。

在國外一舉一動要表現得泰然自若是難度相當高的行為，因此有時也會僱用當地的諜報員。若對該國的土地或文化已有相關的基礎知識，即便要賦予偽造的經歷，也比從零開始設定還要事半功倍。順帶一提，據說利用金錢或異性引誘或掌握其弱點，較能輕易網羅諜報員。

間諜的基本

聯絡手段

監視

潛入

破壞工作

暗殺

偽造的經歷

為了潛入敵國所需的假經歷

間諜絕對不會把現居所或本名等告知他人。因為如果來歷曝光，便會置身於危險之中。

經歷要具體

年齡、出生地等經歷要設定得鉅細靡遺。然而，如果記不住就會露出馬腳，所以必須特別留意。

偽造已有底子的學歷

偽造學歷時，必須是已經有底子的學系。切忌對經濟領域一無所知卻還偽造成經濟學系畢業等。

設定興趣

只要先擬定好興趣，便能和目標對象聊得投機，從而刺探出意料之外的情報。鐵則是要事先吸收能讓對話更熱絡的興趣相關知識。

賦予諜報員偽造的經歷

比起賦予情報案件專員偽造的經歷，賦予諜報員偽造的經歷更有效率。不僅能省去強記經歷的麻煩，還能消除露出破綻的風險。

間諜之間是透過
居間人員來取得聯繫

符合年代 ▷	20世紀初期	20世紀中期	20世紀末期	21世紀以後

符合組織 ▷	CIA	KGB	SIS	特殊部隊	其他諜報機構

◎ 分辨自己人並傳遞情報
是間諜活動基本中的基本

間諜會透過特殊的方式與同伴互通訊息。這是為了避免被敵方識破身分。即便身分敗露也能避免被順藤摸瓜找出同夥的身分。

在執行任務期間，有時為了傳遞情報等會必須直接與同伴接洽，在這之前必須先分辨對方是否真的是自己的同夥。此時的經典做法便是事先訂好只有雙方才知道的暗號。「天公不作美呢」、「真希望太陽趕快露臉」這類不著痕跡的打招呼也行得通。

以握手來確認敵我也是一種可靠的方式。比如在握手時，用小指搔弄對方的掌心——這個動作從周遭看過來剛好是死角，故可神不知鬼不覺地傳遞信號。如果對方是同夥，便會在大拇指用力來回應。如此一來不必進行言語交流也能確認是否為自己人。

此外，移交訊息也要謹慎進行。最主要的手法是20世紀中葉前蘇聯間諜所使用的空心硬幣。他們都是把硬幣中間挖空，再把微型膠捲塞入其中，藉此傳遞情報。

此外，直接把空的零錢包從一隻手遞交給另一隻手會令人起疑，因此有個方法是另設一個間接地點。把裝有情報的零錢包丟進設置於街角或公園等處的垃圾桶裡，再由隨後而來的同夥回收。

因為是以垃圾桶代替郵箱，所以可避免間諜同伴之間的接觸。即便敵國的間諜目擊到正在翻找垃圾桶的身影，大概只會以為是「誤把東西丟了吧」。

順帶一提，除了垃圾桶之外，間諜還會有好幾個情報傳遞處，比如公園的長凳下或盆栽之中等等。

同夥間互通訊息

與同夥聯繫也須相當謹慎，此乃間諜之守則

不光是敵國，間諜所取得的情報對其周邊國家而言也極具價值，因此與同夥之間的聯繫也得謹慎行事。

特務中間人

諜報員

與同夥互通訊息的方式

間諜是透過扮演仲介角色的特務中間人來與同夥取得聯繫。碰頭的地點都是在公園這種稀鬆平常之處，在不被周遭發現的情況下轉交存有機密情報的芯片。

聯絡工具

硬幣

前蘇聯的間諜與同夥之間互通訊息時慣用的中空硬幣。設計成以針刺入小孔即可打開的構造。

膠捲筒

將小型膠捲放入相機膠捲筒中來傳遞。雖然比硬幣還要大，但實用性佳且不易敗露。

POINT

有時會以垃圾桶代替郵箱！

無法安排特務中間人的時候，便只能由情報案件專員與諜報員兩者自行互通訊息。這種時候會以垃圾桶代替郵箱來互通情報。

間諜的基本

聯絡手段

監視

潛入

破壞工作

暗殺

反覆開發、被破解、再開發的間諜暗號

◎ 暗號解讀成功與否 有時也會左右戰局

如果是間諜，在記述情報時會特別進行某些處理。以特殊墨水寫下隱形文字，再以專用燈光照射來讀取訊息等，這類方法自古使用至今，而近來這個方法只要用市售的水性原子筆便可輕鬆進行。用原子筆寫好文字，等墨水乾了之後再以白紙按壓。乍看之下文字好像並沒有轉印過來，但只要塗上顯影劑，便可看到最初所寫的文字已經確實轉印到白紙上。

有些暗號並非在紙或筆記用具等工具上下功夫，而是加工文章本身，以此來進行祕密通訊。

暗號有替換加密（Code）與轉位加密（Cipher）的概念之分。替換式密碼是將單字或慣用句等有含意的短句，替換成事先制定好的記號。而轉位式密碼則是以一個文字為單位來進行置換。單位愈小轉換就會愈麻煩，但隨著機械化的進步，後者成為暗號的主流。

在第二次世界大戰中，德國一直使用名為恩尼格瑪的暗號機來互通重要情報。換字式密碼是將文字或文字列轉換成其他文字或記號，是利用機械來處理伴隨而來的複雜程序。

過去一段時間人們都認為恩尼格瑪是無法解讀的，但同盟國於1938年成功破解了它。德國對此事實毫不知情，作戰情報不斷外洩給同盟國，最終窮途末路，於1945年戰敗。

在同一時期，日本則是使用名為紫暗號機（紫色密碼）的暗號機。由這台機器進行與恩尼格瑪相似的複雜機械處理，但遭到美國解密官威廉姆・弗里德曼破譯。正如大家所知，暗號遭到同盟國破解的日本也和德國一樣吃下敗仗。

為了不讓對手得知而採取了何種方式？

情報外洩時，最糟的情況便是左右戰爭的勝敗。間諜們為了避免讓敵方知曉情報而在暗號技術上精益求精。

恩尼格瑪

納粹德國於第二次世界大戰中所使用的暗號機。其構造只要像平常一樣敲打鍵盤，就能將文章轉化為暗號。

火烤顯字

使用乾燥後就會變成無色的液體來寫字，加熱後文字便會浮現。亦可以用柳橙汁或酒來替代。

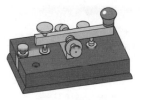

摩斯電碼

以「點與劃」2種符號來表達文字的暗號。因為很難被竊聽，所以無數間諜都曾使用過。

Column

暗號解譯可謂程式之先驅

有許多國家試圖解譯納粹德國所開發的恩尼格瑪，但是遲遲未有進展。波蘭的發明家馬里安・雷耶夫斯基為了解譯而打造了電子計算機「炸彈機（Bomba）」後，於短時間內成功破譯。成為今日電腦中所使用的程式之先驅。

從丟棄的垃圾或
晾曬的衣物中擷取情報

符合年代 ▷	20世紀初期	20世紀中期	20世紀末期	21世紀以後	符合組織 ▷	CIA	KGB	SIS	特殊部隊	其他諜報機構

◎ **連當事者不需要的東西**
也是間諜的情報寶庫

　　以丟掉的垃圾為線索，獲得目標對象的情報——這種方法俗稱「垃圾調查」。可以取得目標對象的履歷等基本情報、資產或信用卡資訊、交際關係等各式各樣的情報。

　　無論是家庭垃圾抑或是事業廢棄物，一般都會有處理業者從指定的收集區回收，但大前提是要事先知道實際的回收日期與時間。同時連目標對象在何時倒垃圾也要事先掌握。於夜間回收較為理想，但如果不得不在白天進行，則必須花心思讓自己的服裝與舉動不顯眼，比如偽裝成來翻垃圾的流浪漢之類。垃圾中也可能丟棄了危險物品，所以厚實的橡膠手套為必備品。

　　間諜會在安全場所攤開一塊塑膠布，仔細檢視回收的垃圾。廚餘並非賞心悅目之物，但是間諜連目標對象吃剩的東西等都要一個不漏地記錄下來。因為飲食的種類與偏好也是與目標對象相關的重要情報。各種帳單與支付紀錄、銀行帳戶資料、私人信件等皆可算是珍寶，間諜會帶回家後再詳細調查。為了慎重起見，其他物品也都要拍照留下記錄。

　　這種垃圾調查最好一個月內進行4次左右。如果只做1次，會因為取得的情報量太少而難以判斷。

　　目標對象當中也會有人對垃圾調查有所防範。他們會把能燒的東西通通燒掉，瓶瓶罐罐則是拿到回收中心去丟。廢棄物僅限於廚餘等，而且會丟進別人家的垃圾桶裡。

　　順帶一提，與垃圾調查同步進行曬洗衣物檢視也頗具效果。如果是目標對象的自家住宅，只要檢視幾次曬洗衣物即可從中判斷出目標對象的家庭人數、性別與年齡等資訊。

垃圾調查①

目標對象所丟的垃圾是情報寶庫

蒐集情報需要執行樸實無華且腳踏實地的行動。翻找目標對象的垃圾也是間諜的基本行動。

間諜的基本

聯絡手段

監視

潛入

破壞工作

暗殺

垃圾車

目標對象

間諜

確認垃圾的回收時間

如果垃圾車收走了垃圾，便無法進行垃圾調查。事先調查好垃圾車幾點來是鐵則。

確認丟垃圾的時間

先掌握目標對象都是幾點出來丟垃圾。此外為了避免與其他家的垃圾混在一塊，目標對象丟完垃圾後便立即回收。

偽裝成
流浪漢的間諜

帶走垃圾

帶走垃圾時若被周遭人撞見會被懷疑。偽裝成流浪漢來回收即可蒙混過去。

POINT

回收的垃圾要燒掉

利用垃圾調查蒐集完情報後，以照片或筆記整理收存。保留垃圾可能會飄散腐臭味而引起警方注意，因此全部燒掉才是正確的間諜之道。

透過垃圾分類讓情報一一浮現

回收垃圾後，間諜還會細心進行垃圾分類。從丟棄的垃圾中便可看出目標對象的收入甚至嗜好。

可從垃圾了解的資訊

空的酒瓶與香菸盒

一定要記錄空酒瓶與香菸盒的品牌。從香菸頭的數量或酒類空瓶的數量，可推測出吸菸量與飲酒量。

餐飲垃圾

據說花在餐飲上的費用一般會佔收入的20～25％。調查餐飲垃圾即可大致了解目標對象的收入情況。

明細表

如果丟了明細表就太好了。明細上不僅有購買品項，還會記載著正確的姓名與地址，說是個人情報之寶庫也不為過。

攤開在塑膠布上拍照

垃圾回收後便攤放在塑膠布上進行分類是基本作業。感覺可以擷取出情報的東西務必要先拍照並記錄下來。明顯無用的東西則丟棄也無妨。

曬洗衣物調查

如果被周遭的人撞見，只會覺得看起來像變態!?

從目標對象曬在外面的衣物中亦可分析出無數的情報。觀察曬洗衣物也是間諜很了不起的一項工作。

間諜的基本

聯絡手段

監視

潛入

破壞工作

暗殺

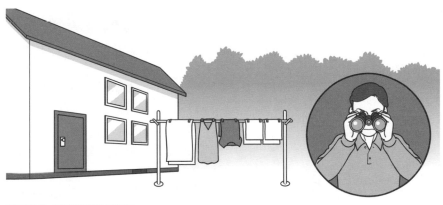

透過曬洗衣物解讀家庭情報

從曬洗衣物可以判別出大致的家庭結構。有時會忘了洗或是累積起來再一次洗曬，所以為了慎重起見，持續觀察1週左右就不會錯了。

可從曬洗衣物了解的資訊

女用內衣褲

從設計可以看出目標對象是和年輕女性、年邁女性還是幼齡少女同居。

童裝

只要不是超乎常理的巨嬰，都可以從童裝的尺寸掌握正確的年齡。

制服

若是學生制服可以判別出校名與所在地，若是護士服等制服則可判別出職業或是任職單位。

POINT

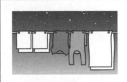

從曬衣的時段可了解家中狀況

人基本上習慣早上起床後曬衣服。如果在晚上曬衣服，目標對象很可能是一直睡到傍晚。

監視時必須掛上黑幕
並穿著不顯眼的黑色衣服

符合年代 ▷	20世紀 初期	20世紀 中期	20世紀 末期	21世紀 以後	符合組織 ◁	CIA	KGB	SIS	特殊 部隊	其他諜報 機構

◎ 為了監視時不被發現，
不妨營造專用的監視所

如果要長時間監視目標對象的家或職場等，則有必要設置專用的監視所（埋伏房間）。這種時候，為了避免視線被遮蔽，確保能俯瞰監視對象建築物的高樓層房間較為理想。因為站在監視者的角度來說，高樓層不光視野較為廣泛，還能夠降低被監視對象發現的風險。此外，監視的原則是2人1組。1人在監視時，另1人就睡覺休息。

即便確保了良好的監視所，當然仍必須提高警覺。白天光源在外面，所以隔著玻璃窗的室內不容易被人看到；但入夜後光源在室內，很容易被外面的人看到。因此基本上即便是白天也要在室內掛上黑幕簾，自己也要穿上偏黑的服裝以便融入室內的黑暗之中。此外，還要觀察其他房間的窗簾，將外觀布置得不會比周遭搶眼也很重要。首要關鍵便是不引起懷疑。

若要在遠離都市的田園地區等處設置監視所則必須更加小心。因為出現新事物勢必會格外引人注目。因此只要是能利用的東西全都得用上，比方說防水布、能融入自然風景的迷彩網、可在當地置辦的天然物與廢車、庫房等。此外，確保至少能讓2人躺臥的空間較為理想。

間諜有時還會被要求從車中進行監視。這種時候大多會選擇大型轎車或SUV（運動型多用途車）作為監視車。因為不僅能躺臥，還有足以裝載整組監視工具的空間。

排放廢氣或車燈都有被目標對象察覺的疑慮，因此在車裡監視時，關掉引擎是常識。即便身處寒冷之處也不能開空調，因此要穿上不透氣的外套等。為了避免玻璃因為溫度差而起霧，必須在車窗內側塗上撥水劑。

監視所的設置

採24小時制，監視目標對象的動靜

監視目標對象時，一直待在外面盯哨很容易讓人起疑。打造監視所較能有效率地監視。

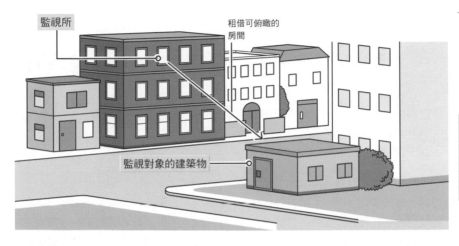

監視所

租借可俯瞰的房間

監視對象的建築物

埋伏房間

租借能將監視對象的房間一覽無遺的屋子。情況允許的話，位置高於監視對象的房間比較不容易被發現。

黑幕簾

房間內部

利用黑幕簾遮覆便很難從外面看清內部的樣貌。只要再穿上黑色的衣服，即便是白天也能消除身影。

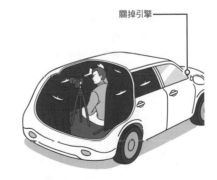

關掉引擎

埋伏用車輛

如果無法租借埋伏的房間，就在車裡布置監視空間。基本上和監視房間一樣都要以黑幕簾加以遮覆。

在擁擠的人潮中
必須貼身跟蹤

符合年代 ▷	20世紀 初期	20世紀 中期	20世紀 末期	21世紀 以後	符合組織 ▷	CIA	KGB	SIS	特殊 部隊	其他諜報 機構

◎ 從對方視角的外側
讓對方進入自己的視線內

　　跟蹤是在不被對方察覺的情況下尾隨其後的單純行為，又稱為「移動監視」。通常會組隊進行，但間諜大多是單獨行動。不讓目標對象離開視線的同時，還要避免自己進入對方的視線內，所以基本上會隔著車道走在另一側。如此一來，即便目標對象回頭看，仍可以在其視線範圍外繼續監視對方。將展示櫥窗充當鏡子間接監視其行動，或是視情況從店家等建築物內窺探其動靜也頗具成效。

　　就算再怎樣慎重地尾隨其後，如果穿著都一成不變，稍有不慎便會讓目標對象留下印象。觀察時機，盡可能頻繁換裝較為理想。

　　跟蹤時最大的危機便是目標對象突然止步，並回頭往自己方向看的那一瞬間。這種時候若同時停下腳步會很不自然，因此刻意不停下來直接超越對方也是一種手法。片刻之後再趁其不注意時繞到後方。此外，隨身準備香菸、報紙，如果是在自動販賣機附近就準備零錢等小道具，在緊急時刻便可以取出，故作鎮靜。

　　在路上行人稀少的幽靜住宅區等處，跟蹤比較容易被察覺。這種時候要保持距離，採取較不緊迫盯人的方式來監視。間諜會事先牢記地圖，有時必須走在前頭，之後再回頭捕捉對方的身影。反之，在都市的人群之中容易追丟目標對象，因此必須冒險接近對方。無論如何，一旦行跡敗露就玩完了，因此有危險時應當立即停止跟蹤。

　　此外，如果接連幾天緊盯不放，反而會加大對方起疑的風險，因此情況允許的話，變換星期幾或時間來進行跟蹤較為理想。

跟蹤的注意事項

跟蹤是展現間諜技巧的時候

如果發生「跟蹤被發現而讓人逃了！」這種事，會有損間諜的名譽。在此介紹跟蹤時的各種技巧。

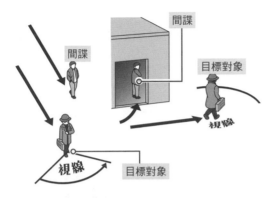

不進入目標對象的視線內

人的視線大約是左右120度。如果進入這個範圍，跟蹤就容易敗露。此外，即便在視線之外，也可能因為一點動靜而被察覺，所以必須保持一定的距離。

換裝

趁目標對象因為用餐或工作等而一段時間定點不動時換裝，如此一來便不容易跟蹤被發現。

準備能自然停下腳步的用品

目標對象很可能會突然停下腳步並回頭看。為了應付這種時候，事先拿著適合作為止步理由的用品，便可以在自然的氛圍中應對。

人多時須貼近目標對象

人潮擁擠時容易追丟目標對象，因此要盡可能拉近距離。周圍的人群遮蔽目標對象的視線，因此暴露的可能性較低。

開車跟蹤時必須選擇
隨處可見的轎車車款

符合年代 ▷	20世紀初期	20世紀中期	20世紀末期	21世紀以後		符合組織 ▷	CIA	KGB	SIS	特殊部隊	其他諜報機構

◎ 和對方採取相同舉動
會讓跟蹤敗露

　　間諜所使用的車輛會因應狀況選擇各式各樣的車款。利用車輛代替監視所時，容納空間較大的廂型車或SUV較為理想（※P74）；如果會伴隨著移動，就必須要改造引擎等，讓車子能長時間監視會比居住性等次要條件更為必要。此外，盡量選擇灰色或白色等普遍且不顯眼的顏色也是一項重要要素。因為有可能會追丟目標對象。

　　開車監視時，基本上要駛於和目標車輛不同的車道上。開車有別於徒步，對方有後視鏡可以窺探後方，因此進入其死角極其重要。另外，即便在不同的車道，中間也要夾1台其他車輛。若是車流量較大的道路，或是因為交通號誌而容易發生被超車狀況的路段，即便知道有一定程度的風險，仍必須接近目標對象。反之，若是車流量較小的路段，則要和徒步時

一樣，要拉開車輛間的距離。

　　若推測目標對象已經起疑或有所警惕的時候，就需要更加小心謹慎。必須時時謹記切勿與對方採取相同的舉動。人在面對變換車道或緊急剎車等突如其來的動作時，很容易不禁做出相應的反應，但這種時候更應該慎重自持。當目標對象掉頭迴轉時，如果繼續跟在後頭，監視就會立刻露出馬腳。

　　轉彎時也一樣，發生2次對方或許會認為是偶然，但連續轉彎3次就完全出局了。如果目標對象連續轉了2次彎，應判斷對方已經有所警戒，中止監視才是明智之舉。當目標對象若無其事地經過自家門前而不入時，亦可認為是對監視有所警覺。這種情況下也一樣必須立即中止監視。

在不被懷疑的情況下追蹤目標對象！

如果開車進行監視，一旦敗露便很可能演變成汽車追逐戰。
鐵則是慎重行事以免形跡敗露。

間諜的基本

聯絡手段

監視

潛入

破壞工作

暗殺

車輛的性能

比起華麗的車子，駕駛市面上較常出現的轎車車款進行跟蹤，比較不容易被目標對象察覺。此外，隨時可飆出高速、引擎性能絕佳的車子較受青睞。

變更車道　　　　迴轉

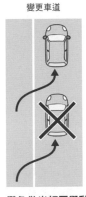 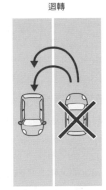

避免做出相同舉動

當目標對象變換車道或迴轉時，立即追隨其後容易遭到懷疑。訂好「尾隨以2次為限」的規則，當需要尾隨超過這個次數時，則果斷放棄。

留意後視鏡

中間夾1台其他車輛等，留意別讓自己的車子出現在對方的後照鏡或側視鏡上。

塞車時　　　　　車少時

 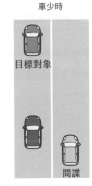

車流量大時須拉近距離

車流量大時容易追丟目標對象。為了避免這種狀況，車流量大時要盡可能靠近目標。

搭直升機的話可以從
好幾公里外的地方進行監視

符合年代 ▷	20世紀初期	20世紀中期	20世紀末期	21世紀以後	符合組織 ▷	CIA	KGB	SIS	特殊部隊	其他諜報機構

⊕ 運用所有手段與技術
來捕捉目標對象的動向

在車流量較大的道路上進行監視時，能靈活轉彎的摩托車可以發揮不錯的效用。摩托車比車子更能臨機應變，所以即使追丟了目標對象，也比較容易再次捕捉。基於這項優點，開車監視或跟蹤時，有時也會讓摩托車執行輔助任務。

不光是摩托車或直升機這類移動手段，實際監視時還會活用各種監視用的技術裝置，比如高倍率且在夜間也能捕捉目標對象的夜視儀（夜視鏡）、收音效果絕佳的竊聽器等。這些都能代替間諜的眼睛與耳朵。

從空中監視也能有效看守對方而不被發現。從空中執行監視行動時，經常會使用直升機，但缺點是容易被對方發現。話雖如此，一般而言直升機會在數公里的後方以高倍率相機進行追蹤，因此只要沒特殊狀況發生，就不會被察覺。直升機不用煩惱交通

規則或號誌等，以這點來看也可說是相當理想的監視方式。除了直升機以外，有時也會運用小型的UAV（無人機）從空中監視。

此外，隨著近年來網路社會的發展，電腦相關知識也很重要。若要入侵國家機構、諜報組織或大企業的大型主機，需要相當專業的軟體破解（非法入侵）技能，不過窺探個人電腦裡的內部資訊這點程度的知識，是身為一名間諜的最低要求。

目標對象對於這些監視也會毫不馬虎地制定對策。對於經過自宅附近的車輛、不速之客，甚至是日常中的微小變化都會提高警覺。間諜必須在這些防範之下鑽空檔進行監視，因此並不是一件容易的事。

利用交通工具
進行監視

在監視或跟蹤時運用各種交通工具

倘若目標對象以高速奔馳，跟蹤會變得相當困難。因此有時
會呼叫車子以外的增援。

利用摩托車進行監視

騎摩托車監視的好處是即使碰上塞車也不受影響。摩托車可
以在車陣中穿梭，所以可降低追丟目標對象的狀況。

利用直升機進行監視

從視野較廣的直升機上監視便可確實捕捉目
標對象。然而，降低高度的話會被目標對象
察覺，因此必須格外留意。

POINT

利用小型無人機進行監視

小型無人機是不易被目標對象察覺的追
蹤方法之一。即便是持久型的電池，飛
行時間也不過30分鐘左右。不適合長時
間監視，因此僅於必要時使用。

集結最新技術的間諜監視技巧

不僅限於電影的世界，間諜在現實中也會運用優異的技術能力來完成任務。

利用電腦進行監視

只要在目標對象身上裝設GPS，不必特地使用交通工具也能從電腦上進行監視。

利用望遠鏡進行監視

或許有人會覺得這是上個世代的監視方法，不過利用市售品便可從約180m外的地方監視得一清二楚。

利用夜視鏡進行監視

夜視鏡是在黑暗中相當有用的監視方式之一。即便身處伸手不見五指的狀態，只要透過相機，就連目標對象的表情都能判別。

利用數位相機進行監視

要捕捉目標對象的交易現場等證據時，可以使用數位相機。距離太近會啟人疑竇，所以不用說當然要使用望遠鏡頭。

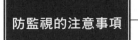

防監視的注意事項

間諜也有可能反成監視對象！

間諜會潛入敵國蒐集情報。不光要進行監視或跟蹤，有時自己也會成為被鎖定的對象。

間諜的基本

聯絡手段

監視

潛入

破壞工作

暗殺

自宅附近出現同一輛車

有車子停在自宅附近。1次或許是偶然，但第2次就無庸置疑了。這種狀況就該搬家了。

從業務人員手上拿到筆

業務人員說著「一點小贈品……」然後遞過來的東西如果是筆，就得格外留意。筆裡搞不好內建著相機。

收音機混著雜音

如果被安裝了竊聽器，那麼收音機有時會受到竊聽器發出的電波干涉而混著雜音。

開關門不順

如果以撬門的方式強行開門過，門會發生開關不順的狀況。倘若門突然變得難以開關，應懷疑是有人入侵。

把鑰匙往手臂
用力按壓來取型

符合年代 ▷	20世紀 初期	20世紀 中期	20世紀 末期	21世紀 以後

符合組織 ▷	CIA	KGB	SIS	特殊 部隊	其他諜報 機構

◎ 光是學會基礎就要好幾年！深奧的撬門技術

撬門是間諜必要的技能之一。撬門的工具市面上有販售，也可以當場製作，但要學會實際的技術伴隨著一定難度。因為這是一種全憑感覺的巧妙作業，唯有具備才能的人方能於短期間內學會，大多數的間諜光是學會基礎就需要數年。

正式上陣時，決定好入侵目標之後，要在可能的範圍內盡量調查目標設施。只要掌握鎖頭的類型與形狀，便能在執行日之前以同型的鎖頭不斷練習。此外，為了避免留下入侵的痕跡，撬門時不能損傷鎖頭。間諜在策畫入侵時會將所學的技能與知識發揮得淋漓盡致。

撬門是一項相當精細的作業，格外費神。感覺需要花更多時間時，在中間穿插短暫的休息以維持集中力與手感，用心於這些事也很重要。雖說「沒有打不開的鎖」，但是一名獨當一面的間諜，為了要迅速解開各式各樣形式的鎖，少不了平日的練習。

不過，只要能取得鑰匙，就沒必要撬門了。無法取得原始的鑰匙時，還有個方法就是打造備用鑰匙。這種時候還是以直接從原始鑰匙取型為上策。雖然也有一種名為取型器的工具可用，但如果身邊沒有的話，另一種方法是將鑰匙用力按壓在肥皂或保麗龍這類容易取型的素材上，取得鑰匙的模型。亦可利用自己的皮膚作為不得已的最後手段。只要按壓身體的柔軟部位，模型就不會馬上消失而會殘留幾分鐘。這時再利用筆等描出邊緣再拍照。

備用鑰匙也可以利用圖像打造出來，因此沒有工具時，把握瞬間的空檔拍照也不失為一個辦法。

撬門

開鎖是蒐集情報前必備的技能

入侵目標對象的住家時,當然不可能找鎖匠。間諜都是靠自己的技術撬門的。

間諜的基本

聯絡手段

監視

潛入

破壞工作

暗殺

撬門為間諜的必備技能

入侵目標對象的住處時,如果無法取得備用鑰匙,就只剩下撬門入侵一途。撬門是一流的間諜理所當然要掌握的一門技術。

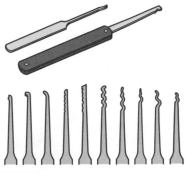

撬門工具

若是簡易型鎖頭,則無需備齊各式各樣的撬門工具。但要開有點難度的鎖時,就必須先備好豐富的撬門工具。

放鬆手指

若是遲遲開不了鎖也不會慌張,試著放鬆手指也是間諜的技術之一。因為放鬆手指不光是肉體上的放鬆,也有助於穩定心神。

不傷及鎖頭

不傷及鎖頭是間諜在撬門時的準則。這是因為一旦鎖頭有所損傷,便等同於告知目標對象有入侵者。

POINT

撬門只能靠不斷練習

撬門的技術並非一朝一夕能練成。據說擅長撬門的間諜都少不了練習。

85

取得鑰匙後火速進行取型！

比撬門更省時有效率的，便是取得目標對象的鑰匙並取型。
然而，執行時伴隨著風險。

逮住一瞬間的空檔

為了要拿到鑰匙的模型，需要目標對象所持有的鑰匙。取型只要一瞬間，因此最好先做出某些舉動吸引目標對象的注意力，趁有機可乘時拿取。

壓入皮膚中

沒有任何取型用具時，就要有效活用自己的皮膚。只要將鑰匙用力壓入皮膚即可取型。然而，必須用力按壓到幾乎滲血的程度，否則無法留下痕跡。

壓入肥皂中

若有肥皂或保麗龍，就比較方便鑰匙取型。按壓時有時會有碎屑沾附在鑰匙上，因此歸回鑰匙時別忘了擦拭乾淨。

拍照留存

使用手機的相機功能將鑰匙拍照留存。目標對象有可能會察覺，所以務必關掉快門聲，要使用閃光燈則盡可能在較遠的地方進行。

間諜的基本

聯絡手段

監視

潛入

破壞工作

暗殺

備用鑰匙的製作

成功取型後，後續複製即可

只要取得鑰匙的模型，即便不是間諜也能輕易複製。在此介紹間諜複製鑰匙的方法。

①用筆描摹輪廓

在皮膚上壓出的鑰匙輪廓要趁皮膚恢復原狀之前用筆描摹。開鎖時鑰匙的溝槽（鍵溝）部位十分關鍵，因此要盡可能正確地描摹。

②以原尺寸大小複印

使用影印機複印在皮膚上壓出的鑰匙痕。須格外留意的是，此時若非原尺寸大小，就無法充當備份鑰匙。

影印用紙

鋁片

③複製鑰匙

將印好的影印紙跟鋁片重疊，並裁剪出輪廓。鋁片亦可用果汁或啤酒所用的鋁箔罐替代。

④完成

備用鑰匙完成，但是鋁片很容易彎折，所以開不了鎖。利用備份鑰匙將鎖栓往上推後，還需要利用鐵絲或迴紋針加以轉動。

Column

間諜亦可從鑰匙孔中取型

將未加工的鑰匙（鑰匙胚）插入鑰匙孔中，上下左右移動即可留下鎖栓的痕跡。利用銼刀打磨這些痕跡，慢慢打造出鑰匙溝槽（鍵溝），如此一來任誰都能夠複製鑰匙。然而，這些都需要熟練的技巧，因此要想精通需要很長一段時間。

最晚在入侵3天前
必須先破壞周邊的街燈

符合年代 ▷ | 20世紀初期 | 20世紀中期 | 20世紀末期 | 21世紀以後

符合組織 ▷ | CIA | KGB | SIS | 特殊部隊 | 其他諜報機構

⊕ 不光是入侵方法，
確保逃脫路線也很重要

　　間諜若要潛入住家或設施，會謹慎做好事先調查。為了完成任務，即便沒有時間也要先做好最低限度的調查。比如某個時段的人員進出狀況、入侵口的相關情報等。尤其是關於入侵口，要先比較評估所有的出入口，盡量從中找出比較容易入侵的地方。

　　如果有圍牆，也要留意其高度。因為在必須緊急逃走時，太高的牆會成為一道阻礙。間諜有生還的義務，為了因應這種緊急時刻，事先確保逃脫口可說是最初階的功課。

　　檢查街燈的作業也不容馬虎。倘若燈光照亮著入侵口或逃脫口，間諜應該事先加以破壞。只有1處的燈不亮會很顯眼，因此連附近的街燈也要一併破壞，混淆視聽也是間諜的慣用手段。

　　如果入侵地點是個人住宅，鑰匙大多會藏在附近。最常見的便是盆栽或門墊底下。庭石、擺設或燈籠這類造型品底下也別放過。也有不少會貼附在郵箱中等處。

　　有統計指出，闖空門大多會從未上鎖的窗戶或門入侵。沿建築物周圍繞一圈，找看看有沒有忘了上鎖的門窗也是一種方法，但有可能會誤觸警報系統，所以必須格外留意。正面玄關一般都是管控警報系統的地方，因此情況允許的話，從此處入侵才是明智之選。不僅如此，還要先解除建築物內的警報系統，如此一來警報器的應對之策才算萬無一失。

　　有時從車庫或庫房入侵也是有效的手段。因為這些地方大多收納著梯子或木工工具等。

入侵技術

入侵的守則是從不起眼的地方著手

除了撬門或製作備份鑰匙之外，另外還有幾種入侵住家的方法。在此介紹間諜所採用、令人目瞪口呆的入侵方式。

間諜的基本

聯絡手段

監視

潛入

破壞工作

暗殺

事先破壞街燈

若有街燈照亮，入侵時容易行跡敗露。間諜的手段是在入侵前3天左右先破壞街燈。

調查門的周邊

入侵住家最快的方式便是取得鑰匙。有時鑰匙會藏在玄關前的門墊下或是郵筒中，因此謹慎起見最好事先調查。

調查玻璃拉門

窗戶中最容易劣化的便是玻璃拉門的鎖。有時左右搖晃窗戶便能開鎖。思索「如何有效率地入侵」是間諜的基本態度。

破壞車庫

在不會被目標對象察覺的情況下入侵的方法之一，便是從車庫潛入。車庫大多離客廳或寢室較遠，優點是鐵捲門很容易破壞。

入侵高樓層時運用登山技術

符合年代 ▷	20世紀初期	20世紀中期	20世紀末期	21世紀以後	符合組織 ▷	CIA	KGB	SIS	特殊部隊	其他諜報機構

◎ 利用掛鉤和繩索，如忍者般攀登高牆

要嘗試從陽台等高處入侵時，間諜所使用的技術便是鉤環攀爬術。這門技術是利用油漆匠所用的筒狀尼龍製管狀扁帶、繩索，再加上金屬製鉤環，打造出臨時用的繩梯，用以攀爬至高處。

將使用的繩索對折，兩端打結，末端便呈環狀而可套住鉤子。接著以等間隔在繩間打造腳踩部位，此時是採用冰霜結（水結：攀爬時所用的打結法）來打結。腳踩部位所使用的繩索長度需要攀登高度的2倍以上，如此一來便完成臨時用的繩梯了。將掛鉤穿入末端，再利用長竿將掛鉤勾住陽台的柵欄等，便萬事俱備。

然而，如果牆上沒有可固定掛鉤的標的，這個方法便派不上用場。若牆壁過高，掛鉤也會搆不著，執行起來很困難。這種時候便會改用爬樹或登山時所用的普魯士結，嘗試沿著自來水管等來入侵。普魯士結是將套索（繩狀環）綁在主繩上加以固定，這種打結方式又名為摩擦結。關鍵在於只要把繩結往上推便能輕鬆移動套索。往下施力則會確實固定。

套索的數量以雙手雙腳共4個會比較穩定，不過單手單腳2個也綽綽有餘。將抓住套索的手舉至眼睛的高度，接著抬起膝蓋至胸口的高度。在這個位置將腳踩在套索的環上，往上蹬的同時再次把手往上舉。反覆這個動作便可以逐漸讓身體往上移動。順帶一提，若是換作特殊部隊的話，有時會採取利用梯車攻堅這種稍微粗暴的手段。

從高樓層進入

有時也會毫不忌憚他人目光採取大膽的行動

有些間諜會利用梯子或車輛等從高樓層入侵。雖然有風險，但偶爾會採取這樣的作戰策略。

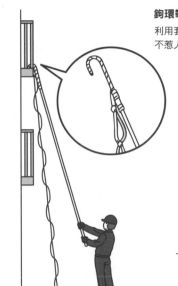

鉤環攀爬術

利用套著鉤環的長竿與繩梯來攀爬建築物的方式。一般在不惹人注目的深夜時段執行較為有效。

梯車

特殊部隊攻堅時所使用的便是梯車。車子上裝設了梯子，三兩下便可組裝完畢，一口氣送進好幾名要員。

蜘蛛人吸盤

攀爬垂直壁面時所用的工具。使用4個真空吸盤，即可於木頭、混凝土、玻璃等任何材質上攀爬。載重量為1噸。

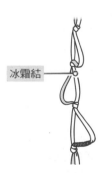

普魯士結

冰霜結

繩子的打結法

冰霜結是登山時所用的打結法，以等間隔打結便可以充當梯子使用。普魯士結的繩結可以移動，往下施力時則會固定不動，發揮救生索的作用。

有時可在居家用品店
備齊炸藥的材料

符合年代 ▷	20世紀初期	20世紀中期	20世紀末期	21世紀以後

符合組織 ▷	CIA	KGB	SIS	特殊部隊	其他諜報機構

⊚ 有效率的破壞工作必須 具備爆炸物的相關知識

一流的間諜同時也是爆破相關的專家。入侵時自不待言,在暗殺、破壞工作或佯攻等各種場面中處理爆炸物也是常有的事。

創設於第二次世界大戰期間、被視為各國特殊部隊之先驅的英國陸軍SAS(特殊空降部隊)即設有爆破相關的實踐訓練課程。間諜所奔赴的現場,會面臨到的狀況都是絕無僅有的。當然也可能會發生難以預料的事態。為了在這些不按牌理出牌的事件中也能隨機應變,據說訓練生不光要奔赴現場,還要背下製作炸藥的公式等,掌握爆破的原理。

爆破是現代科學所孕育出的最新技術。而這些專家都被灌輸了炸藥裝設於何處效果較佳等等的入門知識。嚴格來說,這些特殊部隊與間諜並不相同,但是在「奉國家之命有時會運用專業知識從事破壞工作」這點上並無不同。

間諜所使用的軍用炸藥並無特別之處。基本的化學物質等素材皆可於居家用品店等處取得,只要是學會專業知識的間諜都能輕易製造。倘若在爆炸物相關管制很嚴苛的國家,很難採買到材料,從其他國家購入也並非難事。

緊急執行需要炸藥的任務時,如果無論如何都無法取得軍用炸藥,亦可使用替代品。

汽油便是最具代表性的例子。汽油所具備的爆炸威力能與同重量的高性能炸藥匹敵。不但揮發性高,而且還具有延燒力,因此可以人為引發火災來製造混亂。

炸藥的技術

炸藥的知識是執行破壞工作行動中必備的！

執行破壞工作時，炸藥是必備之物。因此每個間諜都具備豐富的炸藥相關知識。

接受炸藥課程的特殊部隊

在間諜當中，也有些間諜具備豐富的炸藥相關知識。據說像SAS這類擅長暗殺或破壞工作等的特殊部隊中有許多要員懂得操作。

學習炸藥知識的間諜

要學會炸藥相關知識就必須背下複雜的公式。因為在作戰中考驗的便是如何使用最低限度的炸藥發揮出最大的爆炸威力。

效果較佳的設置地點

間諜熟知設置的地點

間諜會將炸藥裝設於準確位置，以求確實炸飛目標對象。此外，間諜自身也有捲入爆炸中的危險性，因此必須連這些也考慮在內。

臨時炸彈

以有限的時間製作炸彈

在敵國有時無法輕鬆取得炸藥。因此間諜有時會利用日用品製作簡易型炸藥。

※燃燒瓶的使用、製造與持有皆受到法律規範。

使用臨時炸彈

準備炸藥需要一定的時間、金錢與取得管道。若是具備小規模爆炸力的炸彈,亦可利用身邊的物件來製作。

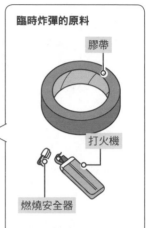

臨時炸彈的原料

膠帶

打火機

燃燒安全器

只需要準備膠帶與打火機。使用時將打火機上方部位的燃燒安全器拆下。

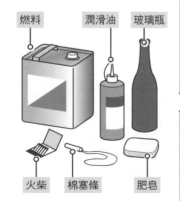

燃燒瓶的原料

燃料　潤滑油　玻璃瓶

火柴　棉塞條　肥皂

將燃料、潤滑油與肥皂放入玻璃瓶中,以棉塞條作為導火線,往目標對象扔擲。燃燒方式會因混合物的比例而異。

燃燒瓶亦為臨時炸彈之一

燃燒瓶為原始的炸彈,又稱為「莫洛托夫雞尾酒（Molotov Cocktail）」。威力雖然比不上手榴彈等,但若砸在車上,可期待透過點火引發大爆炸。

炸彈的使用方式

炸彈不光是用來破壞之物

破壞工作的行動中絕對少不了炸彈，不過間諜也會在其他各種場面活用炸彈。

入侵

利用爆炸物炸毀門以確保入侵路線。這種時候炸藥的用量須調整成剛好能破壞門的量。

暗殺

炸彈亦可作為武器來活用。僅於反恐等全國性的重要作戰中使用。

破壞工作

在炸毀車輛或建築物等時候，炸彈是能有效活用的工具。必須在不被目標對象察覺的情況下設置炸彈。

佯攻作戰

於敵方守衛森嚴等情況下執行的作戰。在無關緊要的地方引發爆炸，趁敵方被轉移注意力時執行作戰。

破壞大型船
都是單槍匹馬進行

符合年代 ▷	20世紀初期	20世紀中期	20世紀末期	21世紀以後

符合組織 ▷	CIA	KGB	SIS	特殊部隊	其他諜報機構

⊙ 利用限時引信
引爆固定於船體的炸藥

　　談論第二次世界大戰時，常會聚焦於使用艦艇、戰鬥機、戰車等兵器互相對抗的戰役，不過在這些戰役的背後，間諜也在日常之中執行著破壞工作。如果不必耗損自己國家的艦艇，透過隱密的諜報行動即可擊沉1艘敵船，以成本來說也很划算。這種時候所採用的便是吸附式水雷（Limpet）與釘裝式水雷（Pin-up Girl）這類破壞船舶用的水雷。

　　這2種水雷在本體上並無差異。直截了當地說，就是在塑膠製的防水箱裡填塞高性能炸藥。兩者的差異在於往船體上固定的方式，吸附式水雷是本體上裝有6個吸附用的強力磁鐵。另一方面，釘裝式水雷所採取的方式則是如槍枝般射出鋼針，再藉此固定於船體上。

　　如果是一般的運輸船，這款水雷可以在船殼板（船體外殼）上開出約6平方公分的洞孔。話雖如此，要光靠一顆水雷就讓一艘巨大船隻沉沒仍是不可能的，因此一般都會在1艘船上裝設多個水雷。此外，為了更有效率地予以痛擊，會把水雷設置於鍋爐室等處附近。

　　破壞船舶用的水雷是透過AC延遲（限時引信）來引爆。裝在水雷上後，接著只須拔掉安全插梢並轉動引信上方的螺絲即可。如此一來便會開始進入引爆倒數。螺絲的作用是破壞內建的膠囊，藉此讓裝滿膠囊內部的酸慢慢滲透出來，溶解掉抵著撞針的賽璐珞類（一種合成樹脂），讓其引爆——此即水雷的結構。從拔掉安全插梢開始倒數直到爆炸為止的時間，是由裝在膠囊裡的酸的強度來控制。

船的破壞工作

間諜具備擊沉船隻的技術

間諜可說是破壞與炸藥的專家。他們在第二次世界大戰期間暗中裝設水雷來擊沉船隻。

破壞船隻

間諜在第二次世界大戰中執行船隻的破壞工作。獨自乘著小型船，利用名為水雷的炸藥來炸毀船舶。

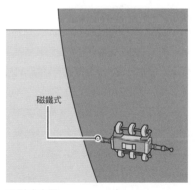

磁鐵式

吸附式水雷

吸附式水雷上裝設著強力的磁鐵，會比釘裝式水雷更容易安裝。但它的威力較小，因此必須裝設多個。

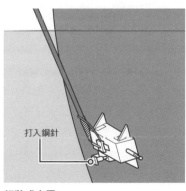

打入鋼針

釘裝式水雷

若要將釘裝式水雷裝設於船舶上，必須操作一種伸縮的桿子來擊入鋼針。此外，1艘船上最少會裝設3個水雷。

<table>
<tr><td>間諜行動之
守則
其16</td><td colspan="2"># 炸毀鐵道時，
連隧道都會一起炸飛</td></tr>
</table>

符合年代 ▷	20世紀 初期	20世紀 中期	20世紀 末期	21世紀 以後		符合組織 ▷	CIA	KGB	SIS	特殊 部隊	其他諜報 機構

◎ 阻斷敵方的運輸路線
乃是徹底改變戰局的絕招

運送人與物資的鐵道無論在今日還是往昔都是主要的運輸手段。尤其是戰爭期間，肩負著將士兵與補給物資送至前線的重要任務。正因如此，針對鐵道的破壞工作有著重大意義，甚至可以徹底扭轉戰局。

實際上，第二次世界大戰戰況正酣之際，為了打擊加強攻勢的德國的野心，美英法等同盟國陣營派出了特殊部隊，執行了好幾次破壞德軍運輸列車的行動。

鐵道的特徵一言以蔽之，就是在專用道路（鐵路）上利用專用車輛（列車）移動。換言之，只要破壞其中的一項使之癱瘓無法作用，便無法達成運輸這個主要目的。因此才開始積極使用炸藥或炸彈執行破壞工作。

鼴鼠（Mole，光度感應式引爆裝置）是一種引爆裝置，搭載了一種測量光的強度的感應器。將此裝置與炸彈一起安裝在車輛的軸承上，當列車行經隧道時，感應器便會在感應到光的明暗時引爆。炸藥則是使用TNT（由名為三硝基甲苯的化學物質構成的炸藥）或塑膠炸藥（像黏土一樣容易改變形狀的混合炸藥）。

為了破壞鐵路或列車，大戰期間還開發出一種如地雷般的引爆裝置，名為Frog Signal。這是固定在鐵軌上，利用經過車輛的重量來引爆的一種裝置。會利用固定環簡單固定在鐵路上。

另外雖然這個方法有點老套，不過有時也會預先將偽裝成煤炭的炸彈盒（煤炭炸藥）若無其事地翻倒在煤炭場。然而，即便炸彈和其他的煤炭一起裝載進火車上，也無法掌握何時會丟入火中，所以缺點是引爆時機全憑對方而定。

鐵道的破壞工作

獨自搭乘並毀壞基礎設施

針對鐵道基礎設施的破壞工作若能成功，會對敵方造成莫大的打擊。其做法是……!?

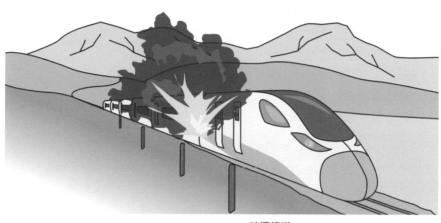

破壞鐵道

鐵道是運送人與物資的重要基礎設施。倘若物資耽擱，作戰也會跟著延誤，因此戰爭期間的間諜們都會開發出各式各樣的爆破裝置來執行破壞工作。

鼴鼠

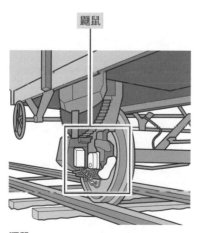

鼴鼠

這款名為鼴鼠的引爆裝置（對光產生反應的感應器）使用時是裝設於列車的車輪上，裝上後，當列車進入隧道內便會引發爆炸。

止滑

還有一種作戰策略是在改善列車車輪滑順度的柴油裡添加止滑劑來阻止列車移動。只要能入侵列車，便無須使用炸藥也能在低成本下成功執行作戰。

破壞橋時
必須在3處設置炸藥

符合年代 ▷	20世紀初期	20世紀中期	20世紀末期	21世紀以後

符合組織 ▷	CIA	KGB	SIS	特殊部隊	其他諜報機構

⊚ 毀掉橋就能有效 阻斷運輸路線

破壞敵方的設施與兵器在戰略上意義重大，不過破壞用來補給或移動士兵的運輸道路，有時候效果更勝一籌。以陸路來說，幹線道路與鐵道都會被當作運輸道路來使用，但這種時候的關鍵在於橋。

只要試著思考一下為什麼需要造橋，便好懂多了。通常那種地方應該是沒有橋就無法橫渡的大型河川或溪谷。換句話說，只要毀掉橋便能阻撓行軍與運輸。無論是繞遠路還是修橋都必須耗費一定的時日，這麼一來敵方便會被迫重新評估戰略。

破壞橋最快速的方法還是非爆破莫屬。即便是乍看之下建造得堅不可摧的橋，也一定有構造上的弱點。間諜便是在該處裝設炸藥。石造拱橋的中央處設置了拱心石，要在拱心石附近橫向排列炸藥讓橋斷裂開來。大型橋則是在包含拱心石在內的3處裝設

炸藥提高威力。採用桁架構造（以多個三角形組合而成的構造形式）的鋼筋製桁架橋十分堅實，但是只要在適當的點上予以損壞，即可藉由橋本身的重量導致崩毀。關鍵點便在於上面的橋梁、支柱與底面部位。破壞構造上的平衡會更具效果，因此設置炸藥時不要等間隔裝設，而是要以橋墩為基準，往左右兩側錯位設置。

只要當下讓橋變得無法使用即達到目的了，不過若是能將修復期間拉得更長，便能更加拖延對方的補給，亦可使敵方在成本上的負擔更重。為此，破壞支撐橋的橋墩是最佳之策。不過愈關鍵的地方自然構造也愈加堅固，要使其崩塌需要下點功夫，比如以鑽孔機鑽洞、若沉在水中則增加炸藥量或加上防水裝置等。

橋的破壞工作

也會執行破壞橋這種轟轟烈烈的作戰

間諜破壞工作行動的對象也包括了橋。是妨礙敵方再適合不過的攻擊目標。

破壞拱橋

拱橋的中央部位較無法承受爆破。只要能炸毀橋，即可阻斷敵方在人員與物資上的補給。

POINT

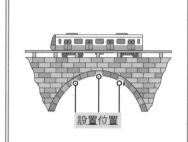

設置位置

拱心石

將炸藥設置在用來支撐橋的「拱心石」部位。只要設於3處左右便會威力大增，可能炸毀一座橋。

POINT

利用鑽孔機鑽洞

身為基座的橋墩部位都打造得格外堅固。儘管如此，只要利用鑽孔機鑽洞再將炸藥安設於洞中，破壞起來就會容易得多。

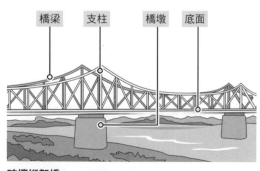

橋梁　支柱　橋墩　底面

破壞桁架橋

如果是桁架橋，則將炸藥安設於橋梁、支柱與橋墩部位。不規則地安設炸藥，讓橋梁與支柱隨機倒塌，較能促使整座橋崩毀。

往車子的排氣口
塞馬鈴薯加以癱瘓

符合年代 ▷	20世紀初期	20世紀中期	20世紀末期	21世紀以後

符合組織 ▷	CIA	KGB	SIS	特殊部隊	其他諜報機構

◎ 數種低成本
卻高成效的破壞行為

透過大大小小的破壞工作來癱瘓敵方行動，這對間諜而言早已是家常便飯。在目標對象的車子上施加各式各樣的裝置來阻撓其行動——這類破壞行動的規模雖然稍小，卻也是相當有效的選項。

較具體的手段之一便是往車子的消音器內塞馬鈴薯等異物。一旦車子的排氣不順，便會產生異音或導致排氣逆流。雖然不至於馬上停止行駛，但應該會讓駕駛感到不安而無法繼續開下去。然而，異物若未確實緊密塞住，很有可能會被排氣噴飛。

將沙子或砂糖倒入油箱中也能有效讓車子動彈不得。這種做法對引擎的傷害不大，因此亦可以奪取車輛。若要使用較古典的方式，還有一種做法是折彎舊釘子的尖端後四處撒在路上，使車輪爆胎。同樣的，落石與倒木也能有效妨礙交通。如果目的單純是要阻撓其行動，那麼這種方法萬無一失。當然，如果是短時間內便能挪開的程度，就沒有太大的意義了，因此事前準備務必面面俱到。

間諜所執行的破壞工作中，還有一種是切斷通訊或生命線，使目標對象陷入混亂狀態。間諜會敲破自來水管、切斷或利用鉤子扯下電線等，損壞其生命線。或者是焚燒路上的車輛、破壞變電所等，為了打擊敵方的生產能力，有時也會執行這類擾亂地區安寧而稍微誇張的諜報行動。

還有一種較簡易的手段，那就是讓自來水流不停增加浪費，好讓敵方資金枯竭。水是人類的生命線，所以這種做法雖不起眼，造成的損害卻很可觀。

癱瘓車子

間諜皆熟知讓車子無法動彈的方法

破壞船、鐵道或橋，這類諜報工作主要是戰爭期間所發生的事蹟。現代間諜最常進行的破壞則是以癱瘓車子為主。

利用落石與倒木阻塞道路

只要弄倒樹木阻塞道路，便可妨礙車子的去路。利用炸藥引發落石更能大大提升效果。

四處撒釘子或圖釘

將折彎的釘子或結實的圖釘撒在路上，導致車輪爆胎。無法行駛的車子不過是塊廢鐵。

將馬鈴薯放入排氣口中

僅僅1顆馬鈴薯即可阻止車子運作。順帶一提，馬鈴薯的大小必須要剛好足以塞住排氣口，這點很關鍵。

將沙子倒入油箱中

將沙子注入油箱中會使濾網堵塞而導致車子停止運作。雖然無法對引擎造成損傷，卻能阻撓其行動。

設置陷阱，利用心理戰加以阻礙

就算不以對付車子那樣的物理性手段來阻攔去路，仍可以施加心理上的壓力，藉此妨礙敵方的行動。

設置手榴彈圈套

事先在敵看得到的位置設置用了手榴彈的圈套。如此一來，對方會誤以為「搞不好別處也有……」就只能在狹窄的道路上行進。順帶一提，沒必要全都使用真的手榴彈。

挖設陷阱

在敵方容易發現之處挖設陷阱，並在底部設置削尖的竹槍。這個目的在於煽動敵方的恐懼心，因此和手榴彈圈套一樣，沒必要設置太多個。

設置地雷

地雷的殺傷力很大，如果只是要限制敵方的行動，只要設置在1個明顯可見之處即可。一旦敵方陷入恐懼，行進速度便會變得極其緩慢。

基礎設施的破壞工作

各種能成功讓對方不堪其擾的技巧

間諜擅長破壞活動，不過手法十分多樣。阻斷基礎設施也是間諜的技能之一。

切斷電話線

電話為重要的通訊手段之一。若是在手機電波傳遞不到的偏僻之地，此舉的效果便可說相當卓著。

扯下電線

這個做法是為了讓人無電可用。照明、家電或電腦等所有電器都無法使用，可令其陷入一片混亂。

讓自來水流不停

只要入侵目標對象的家並轉開自來水的水龍頭即可造成損害。先塞住排水口能獲得更好的效果。

破壞街道

煽動居民破壞街道。必須取得居民的信賴，因此要較長的時間與高超的技術方能成功。

只有在絕對會命中的
超近距離才會開槍

符合年代 ▷	20世紀 初期	20世紀 中期	20世紀 末期	21世紀 以後

符合組織 ▷	CIA	KGB	SIS	特殊 部隊	其他諜報 機構

◎ 未持有武器的情況下，
絞殺的效率最佳

　　間諜在祕密執行暗殺時，必須費點功夫使其死因看不出是他殺。看是要偽造成自然死還是意外死。無論哪一種，都必須要有縝密的計畫並慎重確實地執行，以免讓人懷疑有他人介入其中。能夠輕鬆達成這項要求的間諜可說是有兩把刷子。

　　另一方面，還有一種暗殺不會在暗地裡祕密進行，而是公然奪走對方的性命。這種情況下，一開始面臨的巨大難關便是接近目標對象。因為隨時都有被對方察覺的風險，即便想方設法把對方抓到身邊，當場所能採取的手段也極其有限。

　　拳打腳踢是絕對不可行的。即便自己學過武術，也必定會遭到反抗，還很花時間。如果使用帶在身上也不會被察覺的小型刀具，也很難造成致命傷，大多會以失敗收場。因此間諜會選擇徒手絞殺，或是以手槍射殺。

　　倘若四下無人，一開始應該會選擇絞殺。因為一旦進入勒脖的姿勢，對方勢必會放棄攻擊，只想著要掙脫我方的手臂。

　　如果能迅速接近目標對象，並且沒有阻礙開槍的障礙物，間諜有時也會使用小口徑的手槍。隨身攜帶也不會引人注目的小型手槍威力較弱，因此最確實的方法是瞄準頭部或心臟。此外，第一槍也有可能沒射中，考慮到這點，通常會連開數槍。

　　若是在有人的地方或群眾之中進行襲擊，即便裝了消音器，也有被人目擊的風險，因此務必要事先確保逃走路線，或是做好赴死的覺悟，這或許也是一種選擇。

神不知鬼不覺奪人性命的間諜,是如何暗殺?

暗殺時,如何消滅目標對象又不留下證據就看間諜的能力。
在此介紹間諜所執行的絕密暗殺術。

利用刀具刺殺極其困難

刀具的殺傷力低,所以成功率不高。此外,即
便成功刺殺了,也會造成大量出血而留下謀殺
的痕跡。

利用絞殺來暗殺

不留痕跡的殺人方式中,又以利用自己的手臂
進行絞殺的方式最為合適。僅僅數分鐘便能致
人於死。

使用手槍執行槍殺

手槍容易偏離軌道,因此使用時的鐵則是要盡
可能在超近距離射擊。只要裝上消音器(消音
裝置)便不易敗露。

POINT

頭

心臟

瞄準2處

使用手槍時應瞄準頭部或心臟其中之
一。射偏有時會讓對方逃掉,因此應
格外小心謹慎。

暗殺要盡量偽裝成
自殺或意外

符合年代 ▷	20世紀 初期	20世紀 中期	20世紀 末期	21世紀 以後		符合組織 ▷	CIA	KGB	SIS	特殊 部隊	其他諜報 機構

◉ 呈現出不會引起 調查小組懷疑的自然死亡

間諜在行動時會隱瞞身分。連引起周遭人懷疑都是不被允許的，可說是影子般的存在。因此，由間諜所執行的暗殺，最理想的終極目標便是不讓人知道這是暗殺。間諜會讓目標對象的死看起來像意外死亡或自然死亡就是這個緣故。

具體的方法有下藥、瓦斯爆炸，或是偽造成跌倒或摔落所引發的意外等等。有時也會偽裝成被捲入交通事故，或是利用其性癖。其中間諜最愛用的便是藥物，透過用藥過度偽裝成自殺。還有一種方式是讓目標對象連酒一起喝下容易因為酒精而強化藥效的藥物。在這種情況下，務必留意的是目標對象是否有飲酒的習慣。如果是平日不喝酒的人，或是根本不會喝酒的人，這種手法反而會讓調查小組起疑心。

偽裝成跌倒或摔落死亡時，大多數情況下會先讓對方醉倒。待其喝醉後再從樓梯、陽台或懸崖等傾斜處推落。然而，這種方法不見得會確實斃命，因此事後必須再次確認。

有時間諜也會把暗殺偽裝成瓦斯外洩或觸電所引發的意外。這種手法必須在機器上動手腳，因此事先得學會一定程度的專業知識，比如機器的操作或潛入方法等。

利用性癖進行暗殺時，事前必須取得關於目標對象的詳細情報，就這層意義來看間諜得多費一道功夫。然而，通常對於家人或朋友這類愈親近的人，愈會隱瞞個人的性癖，因此也有難以被察覺的優點。尤其當死者背後有著異於常人的癖好或見不得光的異性關係時，死者家屬通常也會不希望曝光，所以很多都會為了粉飾太平而刻意當作意外來處理。

偽裝成意外死亡

只要讓人以為是死於意外就算完成任務

一旦敵方得知是遭間諜所殺，就會演變成報復戰。因此，間諜們都會為了偽裝成意外死亡而費盡心思。

誘發瓦斯爆炸

估算好目標對象就寢後的時間，在那個時間先把瓦斯的總開關打開。隔天一早目標對象用火的那一瞬間引發爆炸，便會被當作瓦斯外洩導致的意外死亡來處理。

使其藥物攝取過量

使其爛醉或是博得信任後，讓目標對象服用大量藥物。隔天早晨目標對象便會因為藥物攝取過量而死亡，但要避免留下暗殺的證據極其困難。

從樓梯上推落

要偽裝成意外死，從樓梯上推落是非常有效的手段。樓梯是以混凝土等偏硬材質製成，如果台階數較多，更能提高成功率。

利用性癖偽裝成意外死

雖然為數不多，但有些人喜歡在性愛遊戲中被勒住脖子。要將這類目標偽造成意外死簡直輕而易舉。

利用車子導致意外死亡

在剎車上動手腳使剎車失靈。一旦目標對象開動車子，便可偽裝成交通事故死亡。

分解屍體時
硫酸與槌子缺一不可

符合年代 ▷	20世紀初期	20世紀中期	20世紀末期	21世紀以後	符合組織 ▷	CIA	KGB	SIS	特殊部隊	其他諜報機構

⊕ 分解屍體時
硫酸與槌子缺一不可

　　不僅限於暗殺，間諜也很常在執行任務期間殺人或是身處他人的死亡現場。如果當下的狀況不允許對屍體置之不理，就會變得有些棘手。如果處理的時間不夠充裕就更傷腦筋了。這種時候只能想辦法至少讓自己與死者撇清關係。

　　話雖如此，現代的科學調查日新月異、蓬勃發展，要讓屍體的身分無法辨識並非易事。因為不乏查明個人身份的素材，比如指紋、虹膜、視網膜、牙齒等。在法醫學上還有DNA這個終極武器。儘管如此，為了拖延其作業，間諜還是必須竭盡所能。此時「酸」便能派上用場。

　　只要將硫酸淋在指尖上便能燒掉指紋；淋在牙齒上的話則可以腐蝕琺瑯質；澆淋臉部的話，不僅眼球會潰爛，連臉部構造都會變形，導致原本的容貌難以辨識。

　　像日本這樣牙醫會保存患者病歷的國家，偵查犯罪時大多會二話不說地運用牙科病歷。如果無法立即取得酸，亦可利用槌子或硬石等將牙齒1顆不留地敲碎，這種方法雖然有些粗暴，卻是可行的。

　　遺體上如果有刺青，會有助於辨別個人身分。只要能從設計上循線找到刺青師，或許就可以早一步釐清死者身分。因此間諜會用刀子將刺青完整切割下來。為了不留下半點線索，最好切割得大塊一點。

　　無論怎麼做，警方最終都能透過調查查明死者的身分，但是間諜可以透過這些處理作業爭取時間，在這期間逃走。

屍體處理

只要處理得當,事件就不存在!

暗殺成功後,只要屍體身分未明,調查就會陷入膠著。間諜費盡心思處理屍體的目的就在於此。

從臉部就可以判別出一個人的身分,所以這個部位也要用強酸來溶解皮膚。還有一招是利用刀子切割下來。

處理屍體的鐵則是解體至身分難辨。有可能會被附近的人察覺,所以必須在短時間內處理完畢。

從牙齒的治療痕跡便可推斷出身分,所以要利用槌子1顆不留地敲得粉碎。

留下刺青會很容易查明個人身分。較有效的手段是利用刀子把皮膚切下來。

利用強酸將目標對象的指紋全數消除。為了避免自己的指紋遭到採證,戴手套或擦拭作業都馬虎不得。

準備工具

橡膠手套　　口罩

刀子

槌子

硫酸

acid

埋遺體時要垂直挖洞
並讓頭朝下

符合年代 ▷ | 20世紀初期 | 20世紀中期 | 20世紀末期 | 21世紀以後

符合組織 ▷ | CIA | KGB | SIS | 特殊部隊 | 其他諜報機構

◎ 將屍體埋入土中時
要頭朝下縱向掩埋

與間諜世界無關的一般人如果殺了人，也會對屍體的處理大感頭疼，不少案例是將屍體埋進土裡。然而，在執行階段，大部分的人都會讓屍體橫躺填埋。這應該是可以的話希望不必挖太深就能了事的心理所致，但如此一來會因為範圍變廣而更容易發現痕跡。因此，如果時間充裕的話，間諜會採取垂直往下挖洞，以縱向填埋屍體的方式。因為這麼做較能降低被發現的可能性。墓穴的面積愈狹小，就愈能騙過警犬等的鼻子，還可以降低屍體因地表鬆動等因素而曝露出來的風險。只要將容易腐爛發臭的上半身朝下填埋，就更不容易曝光。

若要焚屍，也要利用金屬桶作為棺材，將屍體放入其中燒個精光。如果有航空煤油可用自然最好，但是附近不見得有守衛寬鬆的機場，因此必須盡可能採買容易提升火力的替代燃料。人類的身體意外地不易燃，要連骨頭都化成灰需要一定的時間。焚屍時盡量要在不易發現火焰的人煙稀少之處，並選在看不到煙霧的夜間執行較為理想。

以所花費的功夫來說，沉入水中是比較簡單的方式。然而，離人們所在之處愈近則曝光的風險愈高，因此關鍵在於棄屍地點要盡可能遠離有人的地方，像山間的湖泊會比附近的水池好，外海會比港口佳。如果直接拋棄，屍體會因為腐敗氣體而浮起，因此較有效的方式是在屍體上綁上混凝土或鐵啞鈴，再以厚實的塑膠布包覆後沉入水中。若進一步以鐵網包覆外側，則無須擔心塑膠布破裂導致部分腐壞部位浮上海面。

屍體的處理

只要沒有屍體，暗殺就不存在！

只要神不知鬼不覺地讓目標對象銷聲匿跡，就單純是下落不明罷了。因此，間諜會費功夫讓屍體不被發現。

埋在墓地裡

將屍體埋進素不相識的陌生人墓地裡，就不必擔心會被挖掘出來，所以不易東窗事發。基本上會在不惹人注目的深夜或是凌晨之際進行。

埋進土裡

前往人煙稀少的山林挖洞埋屍。挖出一個人大的洞穴相當耗費體力，因此須事先找個土壤愈軟愈好的地點。

焚屍

以高溫焚燒也是個不容易敗露的屍體處理方式。金牙或銀牙這類無法完全燃燒殆盡的餘留物則埋進土裡，避免留下物證。

沉屍海底

讓屍體沉入海中時，務必加上重物以免屍體往上浮起。屍體在地面上要耗費多年才能化為身分難辨的白骨，但在鹽分濃度高的海中則只需要數週。

活躍於第二次世界大戰中的
50萬隻信鴿

戰爭期間是由「鴿子」肩負軍事通訊之務

在無線電尚未普及的時代，信鴿便成了軍隊中重要的傳訊手段。鴿子具備歸巢的本能，即便被帶到數百公里外的陌生之地也能自行返回。因此，從羅馬皇帝凱薩的紀元前時代起，戰爭期間都會使用信鴿。第二次世界大戰中甚至有超過50萬隻信鴿活躍一時，當時的間諜也常使用鴿子。

其中，英國的諜報組織還曾經將裝了降落傘的鴿子投放在德國占領下的法國。為了保護降落途中的鴿子，還以特製束腹加以包覆。間諜們回收鴿子後，會讓鴿子再飛回去，藉此與英國國內互通訊息。更有甚者，還曾讓身上裝設了超小型相機的鴿子飛至敵國上空，拍攝敵方營地。

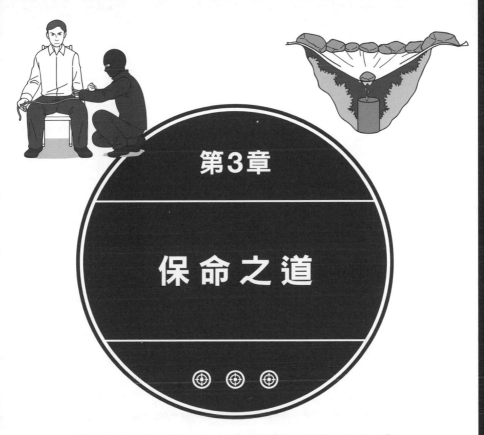

第3章

保 命 之 道

◎ ◎ ◎

間諜在執行諜報行動時，無法擺脫遭敵方逮捕的風險。遭敵方逮捕即意味著任務失敗，因此保命是間諜訓練中不可欠缺的一環。本章節將介紹間諜所具備的各種保命之術。

於片刻間找出
堅固的場所來防禦槍彈

符合年代 ▷	20世紀初期	20世紀中期	20世紀末期	21世紀以後		符合組織 ▷	CIA	KGB	SIS	特殊部隊	其他諜報機構

⊕ 意識與知識
會保護自身免於危險

對於經常身陷危險之中的間諜而言，自保之道至關重要。

間諜不是只有在任務期間才需要自我防衛意識，在私底下也不能有半點鬆懈，必須隨時抱持著「也許下一個瞬間就會發生什麼危險」的意識。

比方說，只要自我防衛意識發揮作用，那麼在進入建築物之際應該會先搜尋作為逃生路徑的出口。只要有這樣的習慣，即便發生什麼狀況也能迅速逃脫。

為了任務而潛入的過程中，則必須發揮更強的警戒心。就連身上穿的服裝都應該因應場合選擇不會惹人注目的款式。間諜通常會穿著看似商務人士、學生或旅客等的平凡衣服，並避免配色花俏的衣服或有著獨特商標的衣服。間諜只要打扮得愈不起眼就愈安全。

對間諜而言，比低調更為重要的便是在衣服或隨身物品中偷藏任務或逃脫所需的必要裝備。

說到任務專用的裝備，或許各位會想像成電影等所描繪的高科技祕密兵器，但實則相反，間諜大多都是使用在當地也能買到的低技術物件，或是利用現場就有的東西臨時製作出來的道具。

此外，間諜應當事先掌握建築物素材的強度。這是因為，如果是混凝土、鋼筋或花崗岩等防彈材質，便能在緊急時刻藏身於該處。在車子附近遭到狙擊時也一樣，藏身在有多層堅硬素材疊合的引擎那側，會比裡面空蕩蕩的後車廂那側還要安全。

唯有自身的知識能夠提高自己的生存機率。

自我防衛

為求保命而竭盡全力保護身體

間諜有時也會遭受性命威脅。他們都懂得保護自身的方法以免太輕易被幹掉。

事先確保逃生路線

就連去用餐或購物時，間諜都會預設可能遭敵人襲擊而先確保逃生路線。順帶一提，一流的間諜不僅會確認緊急出口，連後續的逃跑路線都會考慮在內。

混凝土

石膏板

熟知能保護身體的素材

理論上要躲在混凝土製的柱子後方，而非石膏板製成的牆壁後方。遭到槍擊時，能否躲在子彈無法貫穿的素材後面會決定生死。

引擎側

不得躲在後車廂側

汽車的後車廂那側有油箱，因此一旦遭到槍擊，很有可能起火而引發爆炸。間諜要藏身在車後時，一定會蹲伏在引擎那側。

POINT

沙發　　垃圾桶　　自動販賣機

間諜不會用來充當盾牌的物件

以布與木頭製成的沙發或塑膠製垃圾桶不耐槍擊，因此不會作為盾牌。此外，看似堅實的自動販賣機一旦遭受槍擊就會輕易被貫穿。如果要藏身，盡可能離敵人愈遠愈好。

物品經常放在固定位置，以便察覺是否有敵人進入

符合年代 ▷	20世紀初期	20世紀中期	20世紀末期	21世紀以後

符合組織 ▷	CIA	KGB	SIS	特殊部隊	其他諜報機構

◎ 識破房間是否被搜過的技巧

為了任務而潛入國外的間諜，會在飯店訂一間房間之類作為藏身處。有時所在處會在某些情況下曝光，反遭敵方入侵。

為了以防萬一，間諜會把顯示身分之物或是任務中的重要物品隨身帶著走。然而，隨身攜帶會太危險的物品或是資料等，有時就不得不藏在房間裡。

飯店的金庫連飯店人員都能輕易打開，所以說不上安全。間諜必須先確保一個更安全的隱藏處才行。

安全的保管場所有個條件，那就是必須讓人花費較多時間才能找到的地方。電視內部或通風口內等處，勢必得用螺絲起子旋下螺絲方能打開，要花很多時間才能開啟，對於無法花時間慢慢耗的入侵者而言極其不便。

此外，當有人入侵藏身處時，間諜也必須要有所察覺。以這層意義來說，前述的螺絲還有個優點，那就是容易留下痕跡。

統一物品的配置方位也是識破搜屋的技巧之一。比方說，讓擺在桌子上的筆筆尖朝向北方。只要筆尖偏離北方，就代表有誰翻找過這間房間。

事前用自己的大拇指測量物品之間的間隔，應該也是個不錯的辦法。只要事先測量好，如果有誰移動過物品，就會立即知曉。還有個好方法是在門或抽屜夾放小線頭，便可看出是否被打開過。

外出前先拍下房間的照片也是技巧之一。回來後拍攝同一處地點的照片，再活用可以相互比較2張照片、找出位置改變之物的手機應用程式，便可發現不同之處。

因應入侵之對策

即便是自己的房間也要意識到是否有可疑的變動

蒐集來的情報也有可能被敵方全數偷走。間諜從平日就一直戒備著情報是否被盜。

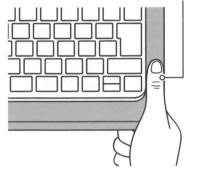

空出間隙

固定讓電腦與桌子邊緣之間空出約1根大拇指的間距。如果間距有變，就證明有入侵者翻找過。

記住配置的位置與角度

咖啡杯的手把與擺在桌上的筆的筆尖，都固定朝左側放置。只要方向有變，就表示有誰碰過。

在抽屜或門縫夾放線頭

事先在抽屜或門縫夾放線頭，只要線頭有所移動，就意味著被搜屋了。對敵人來說，線頭實在小到難以察覺，而間諜經常設下這類小機關。

設置隱藏式錄影機

如果毫不遮掩地設置監視錄影機，敵方入侵時便會被發現，不光是錄影機，很可能整個房間都會遭到破壞。因此間諜會將錄影機藏起來，以免敵方發現。

藏匿術

重要的情報要藏在自己房間以免被盜

重要情報要先藏在入侵者入內後無法立即找到的地方。力求時時做好萬全準備乃是間諜之道。

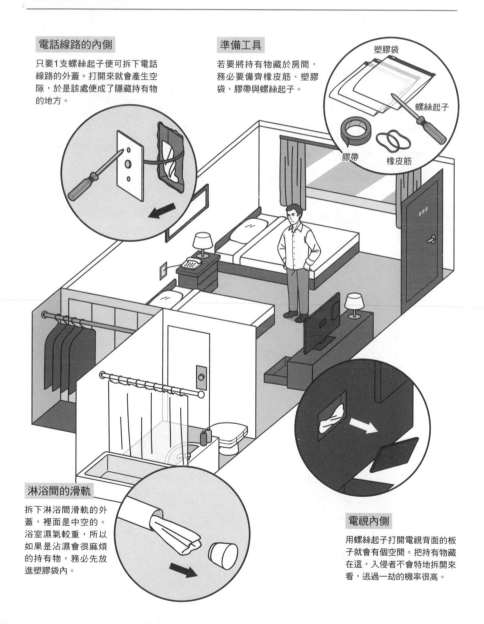

電話線路的內側

只要1支螺絲起子便可拆下電話線路的外蓋。打開來就會產生空隙，於是該處便成了隱藏持有物的地方。

準備工具

若要將持有物藏於房間，務必要備齊橡皮筋、塑膠袋、膠帶與螺絲起子。

塑膠袋

螺絲起子

膠帶　　橡皮筋

淋浴間的滑軌

拆下淋浴間滑軌的外蓋，裡面是中空的。浴室濕氣較重，所以如果是沾濕會很麻煩的持有物，務必先放進塑膠袋內。

電視內側

用螺絲起子打開電視背面的板子就會有個空間。把持有物藏在這，入侵者不會特地拆開來看，逃過一劫的機率很高。

防止入侵

輕鬆阻止敵方入侵的技巧

撬門或用槍破壞鎖頭敵人就可能輕鬆破門而入。在此介紹於緊急時刻防止入侵的對策。

打造路障

將室內的椅子、桌子、床等集中到門邊打造出路障，趁對方為入侵而大費周章的空檔試著逃跑。

設置門擋

門擋是用來固定門以維持敞開狀態。只要用門擋固定門的四個角，入侵者就很難打開門。

設置支撐棍

將支撐棍插進門把下方即可固定門把，等同於上鎖。必須費盡力氣才能入侵。

POINT

如果要上鎖，外開式的門較令人安心

為了保護自身，間諜會根據門是內開式還是外開式來思考並採取行動。人類的推力遠比拉力強得多。往內側開的門在安全性上比往外側開的門還要差。

先逃再藏！
戰鬥是最後手段

◎ 逃跑與躲藏
皆是間諜之道

在間諜電影裡，一定少不了激烈的槍戰。當然現實中的間諜有時也會遭到敵方槍擊。然而，電影等虛構的間諜與現實中的間諜差別就在於：對現實中的間諜而言，戰鬥終歸是最後的手段。

遭到槍擊的情況下，受襲一方所採取的選擇有三：「逃跑」、「躲藏」或「奮戰」。這當中最優先的是「逃跑」，其次是「躲藏」，既不能逃又躲不了的時候才會「奮戰」。

逃跑時的關鍵在於讓槍擊者難以瞄準。射擊移動中的目標極為困難，所以必須一直奔跑移動而非待在定點不動。不僅如此，還要以閃電形奔跑好讓對手難以瞄準。移動途中如果有物體可以藏身，理論上應邊躲在其隱蔽處邊奔跑逃脫。

逃不了的情況下就必須躲起來。這種時候要在射擊者與自己之間配置遮蔽物。此外，不能只顧著躲藏，視線也不能離開射擊者，掌握其狀態也至關重要。

躲藏之際要將手機等會發出聲音的機器都關成靜音模式。若不幸發出聲響，就等於變相告知對手自己的藏身處了。

若是躲在屋內，能上鎖的話全都上鎖。此外，將家具等屋內能派上用場的物件全部用來打造成路障。完成之後便找個遠離門的位置，躲到能防彈的堅硬物體背後。如果有桌面為花崗岩（大理石）材質的桌子等，則將其推倒並利用桌面來躲避槍彈，也是一種防身之法。

屋內如果有窗戶，千萬別忘了緊閉百葉窗或窗簾，讓外頭看不清楚裡面的狀況。

面對槍擊的自衛之策

即便被槍鎖定，間諜也不會被射中！

即便敵人持槍出現，一流的間諜也絲毫不為所動，他們會準確判斷周圍狀況以度過危機。

以閃電形奔跑逃走

筆直逃跑很容易被瞄準，有可能會遭槍彈掃射。只要以閃電形奔跑，被射中的機率就會大幅下降。

躲在隱蔽處

和持槍對手對峙時，正確做法是找到隱蔽處躲起來，等待能趁隙離開現場的好時機。

呼叫支援

能夠呼叫支援的話便試著取得聯繫。如果用手機通話，會因為交談聲而被敵人發現，所以情況允許的話應透過電子郵件請求支援。

戰鬥

倘若對方的人數不多，亦可以考慮應戰。然而，最大的前提是：必須握有球棒或高爾夫球桿這類武器。

綑綁書籍製成臨時用防彈背心來應對槍彈！

符合年代 ▷	20世紀初期	20世紀中期	20世紀末期	21世紀以後

符合組織 ▷	CIA	KGB	SIS	特殊部隊	其他諜報機構

⊕ 當場製作
任務中所需的裝備

間諜有時會使用當地採買得到的物品，就地打造任務用的道具。

其中最具代表性的例子便是防彈背心。所屬組織所發配的防彈背心品質較佳，但是若在潛入中遭到拘留，也會有從防彈背心循線查明身分的危險性。

因此間諜會在潛入之地自製防彈背心。材料為幾本硬殼封面的書、膠帶與磁磚。

首先，將2本以上的書重疊。將瓷磚排列於書的正反兩面並以膠帶纏繞，固定好書與瓷磚。依同樣的方法製作2個，再將膠帶做成的吊帶掛在肩上。用膠帶在腹側與背側纏繞好幾層，將書與瓷磚固定在身體上即大功告成。

市售的防彈製品中有一款克維拉纖維製的防彈夾板，這種板子較容易低調地帶入執行任務之地，因此活用這種纖維應該也不錯。

用來確認方位的指南針亦可當場製作。在2根棒狀稀土類磁鐵（Rare Earth Magnet）中間夾1條克維拉纖維線。以這條線懸吊著磁鐵即可充當指南針來使用。臨時用的指南針很迷你，因此亦可縫進褲子下擺等處偷偷帶著走。

市售的槍套很難隱藏攜帶，因此有些間諜也會當場製作槍套。只要有衣架與膠帶即可製作槍套。以衣架凹折出可掛槍身的形狀，再使用切割刀具等切斷鐵絲，在末端纏繞膠帶，安裝於皮帶上。以這種方法製成的臨時用槍套體積比市售品小，有著可以快速拔槍的優點。

臨時用 防彈背心

即便遭到槍擊也能利用當場的道具徹底防衛

間諜會為了因應激烈槍戰而當場打造防彈背心。雖說是應急之物，卻是足以承受槍擊的替代品。

以瓷磚與書本打造而成的臨時用防彈背心。試穿後再試跳幾下，確認是否有牢牢固定在身體上。如有錯位則再以膠帶固定。

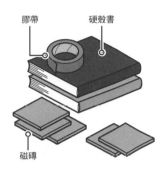

膠帶　硬殼書

磁磚

準備工具

準備硬殼書、磁磚，以及用來將這些纏繞在身體上的膠帶。

手槍

×1

來福槍

×3

**面對手持來福槍的敵人
則將強度提高3倍**

一般來說手槍與來福槍的威力相差3倍。即便穿上臨時用防彈背心仍有貫穿之虞，因此面臨手持來福槍的敵人時應把強度提升至最大限度。

POINT

間諜還能臨時打造指南針

間諜無法預測何時會被捕或被綁架到陌生之地。為此，間諜經常將棒狀磁鐵藏於身上某處，以便隨時可以製作臨時用的指南針。這是因為憑一己之力脫離敵人後，光是知道方位就能夠提高返回安全場所的可能性。

間諜工具不放進包包
而是常備於衣物內

符合年代 ▷	20世紀初期	20世紀中期	20世紀末期	21世紀以後

符合組織 ▷	CIA	KGB	SIS	特殊部隊	其他諜報機構

⊕ 間諜也有不可或缺的 工作用品

日文稱1整套工作所需的工具為「七道具」，間諜也有一套執行任務之際必定攜帶的工作用品。

每一樣用品都是為了在蒐集情報或擺脫危機時派上用場，但絕對不會集中收進包包裡。這是因為如果發生包包被敵方搶走的事態，就會頓失所有工作用品。一般間諜都是藏在身上穿的衣服口袋裡帶著走，而非放進包包裡。

間諜的工作用品很多都與一般人無異，比如手機、現金與手錶等等，比較有間諜風格的物品則有手槍、刀具、筆、鑰匙取型器、撬門工具等。

間諜的基本態度便是遵守法令，所以在有槍械管制的國家不會光明正大地攜帶手槍。這種時候刀具或筆便成為了防身用具。這些當然不像手槍那麼有威力，但是只要帶在身上，赤手空拳與敵人對峙之際便能成為可靠的夥伴。

鑰匙取型器與撬門工具是入侵建築物時的必要物件，被敵人逮住等時候也能成為脫逃用具。間諜在思考作戰執行計畫的同時，也經常會準備好退路。

此外，間諜也經常備有刮鬍刀刀片與指南針。這些乍看之下似乎並非必要之物，但被敵人逮住時卻能發揮很大的作用。就算被敵人抓了並以繩子綑綁，只要事先在衣服裡藏了刮鬍刀刀片，便能輕鬆割斷繩子。指南針則是在掙脫繩子逃走後才派上用場。只要有指南針在手，自己正逃往哪個方位便能一目了然。

常備品

對間諜而言不可或缺的工作用具為何？

間諜會隨身攜帶工具以便因應突發的任務。在此介紹間諜常備的用具。

手機

與夥伴相互通訊或請求增援時必備的通訊用品。

現金

花錢雇人當間諜或是購買物品時不可或缺。

手槍

用來防身或脅迫等，持有1把就能壯膽。

筆

不光用來寫筆記，緊急時刻亦可化為武器。

刮鬍刀刀片

可作為武器或方便的道具使用。能藏於微小的隙縫中。

刀具

用來執行諜報行動或防身，1把在手即可多方運用。

手錶

不光確認時間，亦可用來計算時間。為蒐集情報時的必需品。

間諜藏在上衣或衣物中攜帶的常備用品

支援間諜任務的用品不計其數。間諜經常設想預料外的狀況，備齊一整套保護自身免於各種威脅的必備用品。

指南針

分不清方位的情況下必不可少。逃走時很方便。

撬門工具

入侵或逃脫等需要開鎖時必備的工具。

鑰匙取型器

製作備份鑰匙時所需。有助於入侵或逃脫。

頭燈

於無光之處執行作戰時功不可沒。

鑰匙胚

製作備份鑰匙時的必備物件。

127

逃走用的包包裡
須備好2天份的食物

符合年代 ▷	20世紀初期	20世紀中期	20世紀末期	21世紀以後		符合組織 ▷	CIA	KGB	SIS	特殊部隊	其他諜報機構

⊕ 麻煩發生時有助於 間諜銷聲匿跡的用具

前往國外執行任務時，間諜會準備「逃生包」。逃生包顧名思義就是裝了逃跑專用工具的包包，任務期間若發生某些麻煩而必須逃走時便可以派上用場。間諜會活用這個包包裡的物品來藏身以避開敵人，直到準備好重新執行任務或是已做好逃脫的準備為止。

包包本身會挑選在逃跑時不會造成干擾的後背包或斜背包。行李箱或手提箱等則不在考慮範圍內。

搭乘任務專用車輛時，間諜一定會將逃生包放置在隨手可及之處。如此一來，即便遭受敵方攻擊等而使車輛翻覆的情況下，仍可拿起包包立即逃出。

逃生包中裝的是水、食品、醫療用品組、現金、信用卡、萬能工具、手電筒、GPS、備用電池、防水紙地圖、備用彈匣等。

為了避免包包太重，食物以能量棒等緊急糧食為佳。這些是預估逃跑1～2天的分量。

裝進包包裡的食品並非放任何食物都合適。逃生包必須盡可能減輕重量，因此像罐頭這類的重物都應該避免，而是選擇能量棒（營養補充食品）等等。

此外，逃生包裡也會放手機，但並非一般正規流通的款式，而是和黑社會所用的拋棄式手機同款。

包包裡也要放換洗衣物。考慮到是逃走時穿的，自然要避開太顯眼的衣服，為了混淆視聽，基本上準備的衣服顏色應該與當下所穿的衣服有所不同。

逃走工具

介紹逃走時必備的包包內容物

要想逃脫敵人的追蹤，赤手空拳會更為艱鉅。間諜都會事先備妥逃生用的包包。

彈匣

在包包裡偷藏手槍的子彈以防萬一。

止血帶

預想遭敵人擊中的狀況而隨時預備。

逃生包

遭敵人追捕等必須暫時藏身的時候所使用的逃生包。間諜會考慮到所有事態，並常備於近身處。

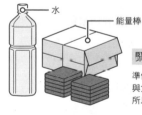
水
能量棒

緊急糧食

準備1～2天份的飲料與食物。罐頭較重，所以不帶。

手機

只要有支備用手機，便能在緊急時刻與夥伴取得聯繫。

信用卡

購買必需品時，有張信用卡在手會方便許多。

間諜檔案

逃生包在災害發生時也能派上用場

雖說間諜是情報專家，有時仍會捲入恐怖行動或大地震這類無法預測的事態之中。這種時候便可活用逃生包。逃生包會搖身一變成為緊急避難包，助間諜一臂之力。

利用浮石磨掉指紋
以免指紋被採集

符合年代 ▷	20世紀初期	20世紀中期	20世紀末期	21世紀以後

符合組織 ▷	CIA	KGB	SIS	特殊部隊	其他諜報機構

◎ 不在作戰現場留下任何自身痕跡的技術

間諜自古以來就會費盡功夫避免留下自己的痕跡。在科學技術已經相當進步的現代，還會要求間諜避免留下DNA的痕跡。

從皮膚細胞或毛髮都能夠提取DNA，因此間諜必須小心翼翼地避免在現場留下皮膚或毛髮。

淋浴並搓洗全身為間諜的事前準備之一。將已經脫落的毛髮與即將剝落的皮膚細胞全部沖洗乾淨。衣服則是選擇能包覆全身的款式。以新品較為理想，如果不是，則穿已經清洗過的衣物。穿衣服時要戴著手套，留意避免徒手碰觸衣服。為了防止頭髮掉落，帽子也不可少。

在作戰現場還要戴口罩，避免唾液或鼻水噴散。執行作戰時，要避免用手碰觸非必要之物。結束並離開現場後，穿過的衣服要全數燒毀處理。這麼一來就不會留下DNA的痕跡。

除了DNA外，還必須格外留意的便是指紋。間諜當然不能留下可運用於犯罪搜查的指紋痕跡。

執行作戰時，間諜會戴上手套以免留下指紋，還要留意避免手套掉下容易被循線查明的纖維或物質。話雖如此，在有些情況下戴著手套反而會引人側目。這種時候間諜會利用浮石削磨掉指紋，或是塗抹強力瞬間黏著劑來消除指紋。

此外，還有利用酸來溶解或是用刀子削落指紋等方法。指紋會暫時消失，不過即便是如此粗暴的方法，經過一段時間仍會恢復原狀，因此無須擔心。只不過，直到傷口癒合之前會伴隨著劇烈的疼痛。

湮滅證據

間諜的技術便是不留下任何痕跡

指紋與DNA是能查明身分的重要證據。間諜行動時會避免留下任何痕跡。

淋浴

剝落的皮膚或掉落的毛髮都很有可能遭提取DNA。防範對策之一便是好好淋浴一番。

包覆全身

不光是身體，連頭部都要確實包覆。為了避免留下指紋，還必須戴上手套。此外，不知道還會有什麼東西留下痕跡，所以不得碰觸非必要之物。

燒掉衣服

把作戰時所穿的衣物燒掉便可湮滅證據。燃燒時要確實看到最後一刻，確保沒有燃燒不完全的殘留物。

黏著劑

浮石

去除指紋

指紋會成為查明個人身分的決定性證據。因此間諜會利用黏著劑填滿指紋的溝紋，或是以浮石加以削磨。

Column

吃藥可以消除指紋？

有種名為卡培他濱（Capecitabine）的抗癌藥物具有暫時消除指紋的效果。這是因為服用此藥會引發副作用，指尖會發炎而導致皮膚外皮剝落。據說有些間諜知道這種副作用而在執行任務前服用。

搬入數位儀器時須使用
4層鋁箔紙包覆

符合年代 ▷	20世紀初期	20世紀中期	20世紀末期	21世紀以後

符合組織 ▷	CIA	KGB	SIS	特殊部隊	其他諜報機構

◎ 利用4層鋁箔紙
阻斷來自外部的訊號！

手機早已成為現代人的必備品。間諜當然也會使用手機，不過手機是與使用者相連的用品，如果使用不慎會有被敵方追蹤到行蹤的危險性。

倘若通訊公司屬於國家所有，由國家來管理通訊網絡，就必須更加謹慎小心地使用手機。

若身處這樣的國家之中，間諜的準則是不攜帶自己的手機，而是在當地購買無須簽約、預付形式的手機。正如128頁的解說，透過非正規管道取得的黑社會專用手機也是間諜最靠得住的夥伴。

不光是手機，間諜連攜帶平板與筆記型電腦等數位機器時也必須非常慎重。必須阻斷來自外部的訊號，因此在攜帶這類機器時要以鋁箔紙確實密封。1～2張左右訊號還是會穿透，所以至少要疊合4張鋁箔紙來包覆機器才行。

即使關閉手機電源來躲避敵人的追蹤，仍稱不上安全無虞。許多手機就算關掉電源，機器內部的備用電池仍在運作，因此還是可以追蹤。

如果無法採取上述包覆4層鋁箔紙之類的手段，卻還是想要完全阻斷信號時，則必須取下所有電池與SIM卡。如果辦不到的話，就只能放棄攜帶手機等數位機器，留在藏身處不帶出門。

反之，想要妨礙目標對象的聯絡手段時，間諜會使用一種名為手機訊號阻斷器的裝置。這種裝置可產生強力的電磁波，導致手機不在收訊範圍內。這種裝置一般是用在醫院或大學校園。

阻斷通訊

如何管理容易洩漏情報的手機

手機是容易遭到竊聽的通訊用品之一。正因如此，間諜會格外留意處理方式。

根本不會從自己國家帶入

如果從國外帶進手機，也就是以外面帶進來的機器使用通訊網絡，恐有遭偵查之虞，會成為敵國監視或追蹤的對象，所以間諜不會帶入。

以鋁箔紙包覆

手機會發出微量的電波。間諜通常會使用鋁箔紙來阻斷這種電波。一般來說以4張疊合即可發揮效果。

取出SIM卡

即便關掉電源，手機內仍搭載著備用電池。此外，如果要避免留下任何痕跡，別忘了連SIM卡都要一併取出。

間諜檔案

零追蹤

如果不希望手機遭到監聽，應準備一種名為「零追蹤（Zero Trace）」的包包來阻斷電波。此為市售品，市面上隨處可見，所以算是比較容易入手的用品。

將間諜工具藏於
矽膠製的偽造痂皮下

符合年代 ▷	20世紀 初期	20世紀 中期	20世紀 末期	21世紀 以後		符合組織 ▷	CIA	KGB	SIS	特殊 部隊	其他諜報 機構

◎ 藏間諜工具的地方
不僅限於包包或衣服

　　間諜的工具有助於執行任務、迴避危機、逃脫等，但若不幸被敵人逮住，當然全都會被沒收。就算謹慎地隱藏，應該還是會在搜身時被發現。即便藏在衣服內沒被發現，也有可能被脫個精光。

　　然而，即便身處這般充滿危機的狀況，優秀的間諜仍不會輕言放棄。他們早已考慮到最糟糕的事態，並於自己身體上藏好了工具。

　　隱藏方式很單純，就是將刮鬍刀刀片或鑰匙這類逃脫用的工具貼在身體表面上。當然，如果未加處理，三兩下就會露餡，因此會在上面貼覆以血或膿弄髒的OK繃來隱藏工具。這種技巧利用了一般人不想碰觸髒掉的OK繃的意識。

　　除了OK繃之外，還有一種矽膠製的偽造人工傷痕。在身體表面貼好逃脫用工具，再使用醫療用黏著劑將人工傷痕覆蓋其上。這種方式看起來就只是個傷痕，因此騙過敵方眼睛的可能性高過OK繃。

　　另有一種方法是將武器藏於腋毛或胯間陰毛等體毛裡。使用醫療用黏著劑將逃脫用工具貼附於毛髮生長的邊緣處。被搜身的時候，很少會仔細調查下半身，因此陰毛便成了工具的絕佳隱藏處。

　　體內亦可成為隱藏工具之處。將逃脫用工具放進生理用品棉條的導管等容器內，再插入直腸內。除了直腸以外，鼻孔、耳朵、嘴巴、肚臍，男性是性器官的包皮、女性則是陰道，皆可化作藏物處。

　　還有個方法是吞下用塑膠袋裝的工具，再於必要之時吐出來。即以胃袋充當藏物處。然而，實踐這種方法需要一定程度的練習。

隱藏於體內

敵人無法識破的間諜高超藏匿術

隱藏持有物的地方不僅限於衣服或包包內。間諜還會在自己身體上準備好藏東西的地方。

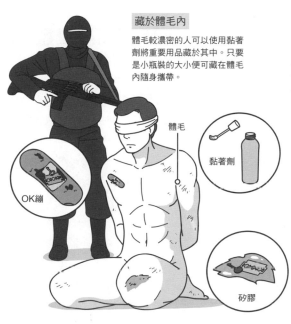

藏於體毛內

體毛較濃密的人可以使用黏著劑將重要用品藏於其中。只要是小瓶裝的大小便可藏在體毛內隨身攜帶。

體毛

黏著劑

OK繃

將逃脫工具藏於體內

即便遭到拘留而被奪走所有的持有物，間諜身上仍藏有逃脫工具。即使被迫全身赤裸，難以察覺之處仍藏有工具，比如OK繃背面、體毛或偽造的傷痕等。

藏於偽造的傷痕中

矽膠製的偽造傷痕是呈口袋狀，可於其中藏各式各樣的物品。以敵方的角度來看，會覺得傷痕很噁心，所以不會仔細調查。

矽膠

棉條型容器

有時也會將裝了指南針、現金、釘子等的棉條型容器放入體內隱藏。耳朵、嘴巴、鼻孔或肛門等，人體有許多的藏物之處。

刮鬍刀刀片或釘子皆可成為武器

這些藏於體內攜帶的刮鬍刀刀片或釘子可作為武器，反擊時的效果卓著。敵人以為對手已經手無寸鐵而掉以輕心，所以趁隙殺死對方的可能性很高。

在逃跑路線上先備好
轉乘用的車輛

符合年代 ▷	20世紀初期	20世紀中期	20世紀末期	21世紀以後

符合組織 ▷	CIA	KGB	SIS	特殊部隊	其他諜報機構

◎ 透過縝密的調查，花時間選定逃脫路徑

防患於未然乃是優秀間諜應具備的條件。間諜會事先確保逃脫路線以備發生某些事端時之需。

預設的逃脫路線不只一條。間諜還會先定好備用的替代路線，以防主要的路線突然不能用。連從主要路線切換到替代路線的中間路線也都設想周到。

不容易被目擊且不顯眼是這些路線的必備條件。檢查站自不待言，可能遭到埋伏的地點等危險地帶都應該避開。容易塞車的路線也必須避開。還要事先了解地標等，以便掌握自己當下身在何處。

不光是路線，間諜還會事先決定好休息地點。基本上會在夜間移動以免惹人注目，因此要先確保白天休息用的藏身處。此外，當敵方人多勢眾而無法徹底擺脫時，亦可潛伏於藏身處靜待情況穩定下來。

連移動中所需之糧食與水都應該事先計算好用量並採購，藏於逃脫路線上。

不僅要備好糧食與水，最好還要準備轉乘用的車輛。換車會比一直開同一輛車逃跑還容易擺脫敵方耳目。

為了像這樣縝密地擬定萬無一失的逃跑計畫，決定逃跑路線需要數週至數月的時間。間諜必須要判別安全地帶與危險地帶，因此也需要詳細了解該地區。

GPS裝置是可以協助逃走的重要工具。將逃脫路線的資訊輸入加密保護的GPS裝置中，即可更加準確地在路線上移動。

逃走術

逃走專用的各種超群技術

從成功完成任務乃至平安逃脫為止都是間諜的工作。在準備逃走事宜上也不遺餘力。

自衛

防身術

野外求生

逃脫

謹慎的事先調查

在某些作戰行動中，執行完成後必須試圖逃跑。只要在作戰前先仔細調查好逃跑路線，突然需要執行時也可以沉著地逃跑。

轉乘用的車子

開完即丟的車子

準備轉乘用的車子

如果一直開同一輛車逃跑，即使甩開了敵人，還是很有可能再度被發現。另外準備一輛逃走用的車子，即可避開這種風險。

糧食

事先藏好糧食

間諜還會先在逃脫路線上藏好水與糧食。基本上要藏在人煙稀少的森林內這類任誰都找不到的地方。

準備藏身處

當敵眾我寡而無法輕易逃脫時，間諜會準備藏身處。在藏身處潛伏1個月左右，等風頭過了，要逃脫就容易得多。

間諜變裝時只會變換色調或小物件

符合年代 ▷	20世紀初期	20世紀中期	20世紀末期	21世紀以後

符合組織 ▷	CIA	KGB	SIS	特殊部隊	其他諜報機構

⊕ 比電影所呈現的變裝還要簡單且有效

間諜透過繁瑣的變裝徹底喬裝成另一個人，躲過敵人的追蹤並完美地逃脫。大家應該都在間諜電影裡看過這般痛快的場面吧？和電影一樣，現實中的間諜也會進行變裝。然而，他們不會戴上假髮或有著其他人面孔的面具來假扮成別人。並非不具備這種技術，而是沒必要做到那個程度。

事實上，敵人在監視或跟蹤間諜的時候，注意的並非間諜的臉部或髮型。敵人意識到的並非這個人物的細部特徵，而是像衣服顏色等大致上的印象。

在持續追蹤的過程中，敵人會緊盯著間諜身上所穿的衣服的顏色，而非間諜這個人本身。換句話說，敵人會在無意識當中以色塊來認知目標對象。所以在這樣的狀態下，間諜光是變換衣服的顏色，就能輕易混淆敵人的耳目。

舉例來說，被跟蹤的間諜原本一直戴著帽子且身穿黑色上衣。他進入廁所後，轉眼間就換成白色上衣並脫掉帽子才走出來。光是這點功夫，敵人就有可能追丟間諜。這是因為在持續跟蹤的過程中，敵人已經把間諜認定成「黑色團塊」的緣故。

與其花大把時間仔細戴上神似他人面孔的精巧面具，不如簡單迅速地改變粗略的外觀印象，比較有可能躲過對方的耳目。

「逃生包」裡會備有替換的衣服，色調會與當下所穿的衣服截然不同（※P128），這也是為了欺敵的作戰策略。方法單純，但效果斐然。

變裝術

雖然只是一點小變化，但效果卓著！

無論是逃跑還是追蹤之時，只要加上一道變裝的程序就能提高成功率。間諜深諳此理。

公共廁所
以公共廁所的單間作為更衣處再適合不過。公共廁所的優點是車站附近一定會有，並不難找。

試衣間
衣服賣場裡的試衣間也是單間，所以是換裝的絕佳之所。間諜的準則是不花太多時間、俐落地更換。

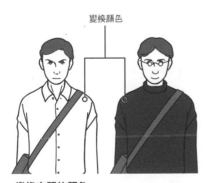

變換顏色

變換衣服的顏色
人經常會以衣服顏色來辨識一個人，而不是靠臉部。只要換成不同顏色的上衣，印象就會一百八十度大翻轉。

變換小物件

變換小物件
如果沒有時間換衣服，則添加或更換帽子、眼鏡或包包這類小物件。

將LED燈照向
監視器的鏡頭來加以混淆

符合年代 ▷	20世紀 初期	20世紀 中期	20世紀 末期	21世紀 以後		符合組織 ▷	CIA	KGB	SIS	特殊 部隊	其他諜報 機構

◎ 用來欺騙最新技術的
間諜密技

間諜都不希望讓潛入國得知自己的存在，因此對他們來說，必須格外留意監視錄影機。話雖如此，若為了躲過監視器的視線而像間諜電影般大費周章地變裝，會耗費太多時間與成本。若無其事地戴上帽子掩飾過去較為快速又不花錢。

此外，在建築物內無論如何都必須經過監視器前的時候，還有「利用燈光」這個技術可以使用。以手電筒或LED燈的燈光直接照向監視器，監視器的自動曝光功能便會有所反應，使影像品質下降而難以判別容貌。除了人工光線外，背對太陽光行動也頗具效果。

另外還有一種方法是利用刮鬍刀刀片讓監視器斷訊。將刮鬍刀刀片插入監視器的電纜線中，在到達中心的傳導帶位置後停住刀片，監控螢幕的影像就會出現雜訊。只要取出刮鬍刀刀片，影像就會恢復原狀，因此監視者會以為只是監視器的狀況有點不好罷了。

臉部辨識系統是透過監視錄影機等拍到的畫面自動辨識人臉，對間諜也會造成威脅。臉部辨識軟體的機制是針對眼、鼻、口的位置與大小等進行核對來鎖定人物。應對之策只能利用太陽眼鏡、口罩、頭髮等加以遮覆，或是戴帽子等，讓臉部五官無法被辨識。順帶一提，只要拚命扭曲臉部，臉部辨識軟體就不會有反應，但是如果監視器的另一頭有人在檢視的話，肯定會招人懷疑。這麼做的風險極高。

欺騙最新技術的方法樸實無華。話雖如此，隨著軟體日益進步，今後這類方式也有可能不再管用。

自
衛

騙過監視器

即便是高科技機器也無法追蹤間諜！

在數位社會中，所到之處都設有監視錄影機。間諜有何方法可以蒙混過關？

防
身
術

野
外
求
生

逃
脫

臉不朝向監視器

間諜所潛入的國家有可能已經登錄了間諜的臉部照片。在這種情況下，間諜會戴上帽子並壓低帽緣後經過，避免不慎將臉朝向監視器。

變裝

利用眼鏡或口罩等遮掩臉部五官。沒必要像間諜電影般利用變裝面具假扮成別人。

利用光線遮掩臉部

將燈光照向監視器，使曝光功能不穩定，臉部辨識功能就不會運作。能照出明亮光線的手電筒可期待較好的效果。

使之斷訊

將刮鬍刀刀片插入監視器的電纜線中，即可導致影像出現雜訊。不能一口氣插入，所以關鍵在於邊小幅度移動邊扭轉插入。

保命之道 其13

在室內備好棒球棍
或高爾夫球桿以因應襲擊

符合年代 ▷	20世紀初期	20世紀中期	20世紀末期	21世紀以後

符合組織 ▷	CIA	KGB	SIS	特殊部隊	其他諜報機構

◉ 要求住家來訪者出示身分證

間諜有時也會遭敵方鎖定，即便回到家也不能安心。只要回到家裡，停留時間勢必會變長，而且是放鬆的場所，一不小心就會鬆懈。以敵人的立場而言，間諜返回自宅後正是鎖定的最佳機會，這麼說一點也不為過。

因此間諜會採取無數自衛之策，最重要的便是不容許入侵。家門上鎖自不待言，還要設置感應作動式的監視器來記錄周遭動態。若進一步飼養能大聲吠叫的猛犬，便可讓入侵者更加難施拳腳。

此外，狙擊手也有可能算準間諜回到自宅後才來索命。為此，較為有效的自衛之策便是在所有窗上安裝遮光窗簾。隔著遮光窗簾便無法得知屋內的狀況，故可防患於未然，免於來自屋外的狙擊。

當然來訪者也不得不防。因為可能會有人喬裝成水電表檢查員或送貨員上門索命。務必隔著玄關影像對講機要求對方出示身分證，即便確認了身分，開門後也不要取下門鍊，直到辨明對方的身分真偽為止。時時不放鬆戒心乃最強大的自衛之策。

然而，無論採取什麼樣的自衛之策，敵人有時還是會強行入侵。這種時候如果持有殺傷力大的手槍會比較安心，但是應該也有無法持有槍械的狀況。

為了因應這種時候，大多數的間諜會事先在屋內擺放棒球棍或高爾夫球桿作為擊退工具。比起赤手空拳迎戰入侵者，有武器的話戰況會對己方較為有利。

間諜連自家的安全對策都不馬虎

自家的自衛策略

掌握重要情報的間諜有時反而會被敵人盯上。因此即便回到自己家裡也不會鬆懈。

飼養猛犬

飼養會大聲吠叫的狗，讓入侵者無法靠近。不只養1隻，若養2隻以上更能提高嚇阻入侵者的效果。

遮光窗簾

遮光窗簾

如果是一般的窗簾，隱約可見的影子會成為狙擊的對象。只要改用遮光窗簾即可消除這層疑慮。

要求出示身分證

入侵者有時會冒充送貨員或水電表的抄表人員。為了避免這種風險，務必要求來訪者出示身分證。

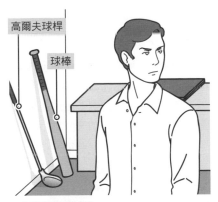

高爾夫球桿

球棒

在室內準備武器

事先將球棒、高爾夫球桿、鐵撬、扳手等可充當武器之物擺在可輕易拿到之處，以便在入侵者出現之際能夠應戰。

郵箱或車輛會被設置炸彈，要格外小心

符合年代 ▷	20世紀初期	20世紀中期	20世紀末期	21世紀以後	符合組織 ▷	CIA	KGB	SIS	特殊部隊	其他諜報機構

◎ 庭院、郵箱、車子等 住家周遭也要提高戒備

間諜的自宅被敵人發現，結果一打開屋外的郵箱就引爆裝設其中的炸彈而遭炸死……大家是否曾在間諜電影裡看過這樣的劇情展開呢？庭院與大門周邊的事物都位於室外，所以比室內更容易被敵人動手腳。就某個層面來說，間諜應該要花比室內更多的心思在室外的安全對策上。

首要之務便是利用高籬笆或溝渠來提高潛入住家範圍內的難度。只要在庭院裡養隻看家犬，便能幫助察覺入侵者。

連夜間都會一直以照明燈把住家範圍照亮，這也是安全對策的其中一招。這麼一來，敵人要趁著夜色接近住家並設置陷阱就變得困難許多。此外，應該還要設置會自動亮燈的緊急照明燈。

郵筒上不要寫自家門牌號碼與自己的名字也很重要。這是為了避免對當地不熟悉的敵人輕而易舉地找到自宅地點。

對於收到的郵件則要確認是否有可疑之處，比如「寄件人是否為認識的人？」、「厚度是否超過2張信紙？」、「裡面是否裝有什麼塊狀物或硬物？」等等。

如果感覺有異，則以鐵絲穿進信封中，通過封口兩側。接著從遠處拉動鐵絲，試著切開封底。裝了炸彈的炸彈信大多都是打開信封上方或是移動內容物就會爆炸的類型，因此疏忽不得。

車子也是敵人裝設炸彈的絕佳目標。開車之前必須要檢查引擎蓋、車底、座位底下、車窗、車門等處，確認是否有被別人動過的痕跡。敵人大多會在駕駛座附近放置炸彈，因此駕駛座周遭要更加謹慎地查看。

庭院的自衛之策

即便是住家範圍內也絕不容大意

間諜隨時都有被誰盯上的可能。室內自不待言，連庭院都會格外小心注意。

確認車子

確認車上是否有爆裂物。有些炸彈是定時式的，有些則是一發動引擎就爆炸，所以一旦發現就要謹慎別靠近。

確認郵件

信件中可能裝了炸彈，因此要格外留意。過重或是寄件者不明的信件則不開封。

不掛門牌

門牌會暴露地址、姓名等個人資料。就算掛上門牌，也要刻意用假名。

照亮住家四周

入侵者大多會在一片漆黑的深夜造訪。讓住家四周保持明亮來消除死角，即可降低被入侵的風險。

間諜的格鬥術屬於瞄準要害的速戰速決型

符合年代 ▷	20世紀初期	20世紀中期	20世紀末期	21世紀以後		符合組織 ▷	CIA	KGB	SIS	特殊部隊	其他諜報機構

◎ 違規伎倆也OK！逃生用的格鬥術

若在未持有槍械等武器的時候遭到襲擊，間諜會如何自保呢？

首先，必須做好心理準備沉著應對。不慌不忙調整自己的姿勢並觀察四周。確認對手有幾個人、是何方神聖等，同時尋找逃生路徑。無論如何都逃不掉的情況下才考慮應戰。

重要性僅次於心理準備的便是為格鬥所做的身體準備。戰鬥技能首重身體的平衡，採取基本的備戰姿勢即可讓身體切換成戰鬥模式。關鍵在於擺架勢時要放輕鬆，不要讓身體太過僵硬。

攻擊對方時，必須要積極進攻眼、耳、鼻、喉、心窩、睪丸、膝關節這些在格鬥賽事中列為違規的要害部位。

不要像動作片電影般進行無止盡的攻防戰，應該給予準確的一擊，或透過短暫的一連串動作來終結攻擊。

比如拉扯對方的頭髮使其往後仰，再以拳頭痛擊喉嚨。

攻擊對方時能派上用場的不光拳頭，手掌、手肘與膝蓋都能作為武器。以雙手手掌同時打向對方雙耳，或是以手掌代替拳頭來給予打擊也頗具效果。手肘與膝蓋都很硬且很好施力，因此會比拳擊或是腳踢更能造成傷害。

在沒有接受特別訓練的情況下，格鬥技中常用的踢腿有失去平衡的危險性，如果要踢踹，就往對手的腰部以下進攻。攻擊膝關節格外有效。

用牙齒緊咬也是間諜的武器，雖然在格鬥技或一般打架中並不會用這招。咬的時候又以耳、鼻的效果最佳，不過只要咬得下去，任何部位都無所謂。彼此廝殺時是毫無規則章法可言的。

戰鬥時要瞄準要害！

間諜和敵人對峙時，會冷靜掌握狀況來調整架勢。必須事先練習如何給予強力的一擊。

基本備戰姿勢

① 身體朝向側邊，注視著敵人。

② 彎曲雙肘，夾緊腋下。雙手朝上，慣用手往前，另一手擺在臉下方。

③ 雙腳打開與肩同寬，雙膝微微彎曲。

和敵人對峙時，些微跳躍擺出備戰姿勢。雙腳打開與肩同寬，單腳在前，彎曲雙肘，夾緊腋下。和對手戰鬥時，維持身體的平衡至關重要。

身體的弱點

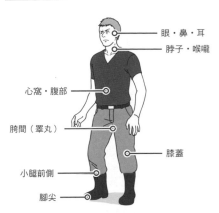

眼・鼻・耳
脖子・喉嚨
心窩・腹部
胯間（睪丸）
膝蓋
小腿前側
腳尖

臉部是絕佳的攻擊目標，可毆打或咬住鼻子及耳朵等。拳擊心臟或踢向胯間具有破壞性的效果。如果被對方從後方抓住，用後腳跟踢踹其小腿前側也效果絕佳。

關鍵性的一擊

抓住對方的頭髮使其往後仰，對喉嚨予以強力一擊。如果對方沒有頭髮，則將手呈鉤爪狀，抓住鼻子或眼睛，使頭往後仰。

膝蓋攻擊

抓住對方的頭，將其臉部往膝蓋撞，即可造成強力攻擊。

咬住耳朵

咬住對手的耳朵並用力撕扯，即可造成劇烈疼痛。

面對以刀刃襲來的對手
應利用椅子或傘來應戰

符合年代 ▷	20世紀初期	20世紀中期	20世紀末期	21世紀以後		符合組織 ▷	CIA	KGB	SIS	特殊部隊	其他諜報機構

⊕ 利用現場物品
來防禦刀物的攻擊並反擊！

　　和其他人格鬥時，有時也會遇到「我方赤手空拳，對方卻持有刀」的情況。

　　倘若對方只是突然火冒三丈而不禁抓起現場的刀子，只須勸導即可。但如果對方真的有意動刀而非只是嚇唬人，就必須戰鬥不可了。

　　和手持武器的對手打鬥時，距離極其重要。要保持足以應付對手攻擊的間距，以便對方砍殺過來時可以躲開。接著要尋找能阻擋刀子攻擊的物品。如果有椅子等便可用來防禦對方的攻擊。然而，如果椅子過重無法應付對方的動作，反而會造成反效果。

　　夾克或大衣等上衣可以用來阻擋刀具的攻擊。原本空手防禦不了刀具的攻擊，但若是將上衣纏繞在一隻手上，從手掌覆蓋至手肘附近，便可以利用這個進行防禦。

　　纏繞著上衣的手臂可以用來應對對手的刺擊。現場如果有棍棒、掃帚或傘等，則可以用未纏繞上衣的那隻手拿著擋掉刀子的攻擊。沒有棒狀物的話，將厚度適宜的雜誌捲起來用應該也是不錯的方式。

　　只要像這樣應接對方的刀具攻擊，對方便會把注意力放在上半身的攻防上，進而忽略下半身的防禦。間諜會看準這個破綻，踢向對方膝蓋以下的部位進行攻擊。

　　只要用力踢向膝關節或小腿前側這些身體較脆弱的部位，對手便會受到重創而露出可乘之機。如果和對手的距離較近，那麼只要奮力踩踏其腳趾就可以了。

　　話雖如此，刀具攻擊的威力會因對手的技巧而異。比起奮戰，務必以逃跑為優先。

刀具防衛術

遭刀具威脅而無法逃脫的情況下

遭刀具威脅時，奔跑逃走是最理想的。然而，在辦不到的情況下，間諜會採取以下行動。

遠離刀子
當對方砍來時，首要之務便是拉遠距離。避開衝突並逃跑也是很重要的。

瞄準膝蓋下方踹踢
踢向對方的膝蓋下方。膝下亦為身體的弱點，可以造成莫大的傷害。

將大衣或夾克纏繞在單隻手臂上
將大衣等纏繞在手臂上作為保護，當對手用刀子攻擊過來時便以那隻手臂去抵擋。

利用椅子等來阻擋攻擊
利用身邊的物品往前推出去抵擋攻擊，和對手保持距離。

利用傘應接攻擊
利用傘、掃帚、棍棒等應接來自對手的攻擊。

即便被槍指著也能
扭轉對方的手並華麗奪取槍枝

符合年代 ▷	20世紀初期	20世紀中期	20世紀末期	21世紀以後

符合組織 ▷	CIA	KGB	SIS	特殊部隊	其他諜報機構

◎ 搶奪槍枝的方法會因槍口是瞄準正面還是背面而異

前一頁解說了面對持刀對手的自我防衛技術，但間諜有時也會被持槍的對手盯上。

如果對方只是覬覦財物的強盜，只要將其想要的東西交出去，應該就可以安然度過。正如到目前為止說明過的，間諜的作風是盡量避免戰鬥，只有在逃不了的情況下才會應戰。

然而，倘若對方並非只是恐嚇，而是真的打算開槍，或是意圖綁架自己的話，那麼即便是在沒有武器傍身的情況下，間諜仍必須予以反擊。

被對方用槍指著時，間諜所採取的防衛技巧有以下幾種。

在被槍指著背後的情況下，間諜會舉起雙手讓對方掉以輕心，並以背部把槍頂回去。如果是半自動手槍，這麼做可以阻止槍的作動。緊接著以單腳為軸心並快速轉過身，將對方持槍的手夾在腋下固定。再以另一隻手

毆打對方奪下槍枝。彎曲手肘，由下往上撞向敵人的下巴，這種毆打方式非常有效果。

與敵人面對面並在極近距離下被槍指著時，間諜會以左右其中一腳為軸心，讓身體迅速旋轉以避開槍彈。這麼一來便可偏離對手槍彈的彈道，萬一對方開了槍也能避開被直接命中要害。

接著用兩手牢牢抓住對方持槍的手，連同手一起扭轉，使槍口朝向敵人。維持此姿勢讓槍身朝外側橫倒，對方就會因為手腕遭扭轉而無法繼續持槍。

間諜奪得槍枝後便會往後退，與對手拉開一段距離。立即確認槍的狀態是否可以使用，舉起槍，維持隨時可開槍的狀態。

槍械防衛術

在被抓住之前奪走對方槍枝的方法

如果乖乖順從對方會有危險的話，間諜有時會選擇一戰，趁對方扣下扳機之前奪走武器。

背部被瞄準時

敵方間諜或犯罪者大多會從對方背後偷偷靠近，意圖偷襲。若不能靠瞬間判斷力奪下對方的槍，等著間諜的便是「死」。

① 判斷敵人是右撇子還是左撇子。舉起雙手往後退，用背部把槍頂回去。

② 如果對方是右撇子，便以左腳為軸心，將身體轉向敵人正面，放下左臂，此時順勢將對方持槍的手臂夾在左腋下。

③ 用腋下牢牢夾住槍，使其無法動彈後再毆打敵人，接著奪取槍枝。

胸部被瞄準時

即便對方冷不防出現並從極近的距離以槍指著自己，還是有方法可以奪取武器。這種情況下，只要動作比對方還要迅速便可順利奪槍。

① 旋轉身體好躲過槍彈，用雙手抓住對方的槍，並將槍口朝向對方。

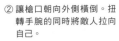

② 讓槍口朝向外側橫倒。扭轉手腕的同時將敵人拉向自己。

③ 奪下槍枝。

打火機、自行車或皮帶
皆可成為防身武器

符合年代 ▷	20世紀初期	20世紀中期	20世紀末期	21世紀以後

符合組織 ▷	CIA	KGB	SIS	特殊部隊	其他諜報機構

⊕ 利用日用品、衣服、家具等身邊物品來攻擊對手

若在未持有武器時遭到襲擊，間諜會把手邊的物品化作武器。

舉例來說，原子筆即使插在胸前口袋也不會遭到懷疑，但因為是尖狀物，所以可成為強而有力的武器。間諜會像握刀般握著筆，瞄準對方的脖子、手腕或太陽穴等處。

皮帶上如果有金屬扣，亦可以充當武器。間諜會解下皮帶，如鞭子般揮舞，利用皮帶扣用力擊倒對手。皮帶細窄而有彈性，所以無須擔心被敵人握住。

鞋子如果夠結實，亦可增加踢踹的威力。瞄準膝關節或小腿等弱點，便可造成更大的傷害。

虛構作品中有些會描寫不良分子敲碎瓶子充當兇器使用，但是間諜不會這麼做，因為單是握著瓶頸處如棍棒般使用，攻擊對方的頭或太陽穴便足以造成傷害。

當對手拿著刀具等武器時，椅子可成為有效的武器。椅面部分可化作盾牌，椅腳則可以作為衝撞對方的武器使用。

捲起報紙或雜誌等，亦可應付刀子的攻擊。只要捲成棒狀後，再以前端攻擊對手即可。

錢包裡的硬幣也可以化作武器。只要握在拳頭裡便可以增加拳擊的威力。包在手帕等布巾裡揮舞，亦可成為打擊用武器。

在酒吧或餐廳遭到襲擊時，不妨運用菸灰缸。將裡面的菸蒂與菸灰往對手身上丟，再將菸灰缸本身也砸過去。酒吧裡如果有撞球檯，使用球桿（撞球桿）應該也不錯。

在自家的廚房遇襲時，把鍋中的熱水、熱咖啡等往對方身上潑即可。打火機的火也可以當作武器。只要用火燒對方使其因疼痛而放手，便可掙脫束縛逃走。

化作武器的工具

自我防衛用的日用品使用法

間諜須具備無論身處何種狀況都能以周遭物品作為武器的冷靜特質。

雜誌或報紙

雜誌或報紙只要捲成棒狀就會變得硬實。除了刺向對方或敲打頭部外，還可作為擋開刀子攻擊的護具。

原子筆

用筆尖刺向對方的頭，或是將筆尖朝上握住，就可往喉嚨或膝蓋予以一擊。

腳踏車

抬起腳踏車即可充當盾牌來運用。此外，擋在自己與對手之間還可以拉開距離。

皮帶

有皮帶扣的皮帶可成為武器。將皮帶纏繞在手上，像揮鞭般攻擊對手的臉或脖子等處。

打火機

遭到束縛時，可拿出打火機用火燒對方。當對方因為疼痛而放手，便可以掙脫束縛逃走。

> **Column**
>
> ### 間諜的鞋子方便奔跑又結實
>
> 間諜都會穿著做工結實的鞋子，以便利用踢擊給予傷害。據說間諜要進入愈危險的地區執行任務時，愈會慎選鞋子。

報紙只要捲起來提高強度便可成為防身武器

保命之道 其19

符合年代 ▷	20世紀初期	20世紀中期	20世紀末期	21世紀以後		符合組織 ▷	CIA	KGB	SIS	特殊部隊	其他諜報機構

◎ 多費幾道簡單的功夫 即可打造出強力的武器

前頁所介紹的是直接以身邊物品作為武器來使用的技術，不過間諜還具備一些知識，可將本來不是武器的東西進行加工，打造成臨時的凶器。

隨身攜帶也不會讓人覺得奇怪的東西中，最具代表性的便是報紙，利用這份報紙、膠帶與釘子，便可打造出強而有力的打擊用武器。將報紙沾濕以增加重量，捲得硬實後對折，再將釘子穿透報紙讓尖端突出在外面，最後以膠帶纏繞固定報紙就完成了。

摺疊傘也只需要稍微加工一下便可成為兇器。在摺疊狀態的傘中放入2～3支扳手，再以束線帶加以固定即可。這個狀態的折疊傘便可如棍棒般使用。乍看之下這就只是把普通的摺疊傘罷了，因此遭到攻擊的對手會掉以輕心，但實際打擊所造成的傷害相當嚴重。

另外，用玻璃紙將找零的硬幣包成棒狀，光是將這樣的條狀物握在拳頭裡，便可提升拳擊的力道。若是再放入襪子裡揮舞，連離心力也會成為助力。在布或皮革的袋子裡塞滿沙子或硬幣等所製成的毆打用武器稱為「黑傑克（Blackjack）」，這種以硬幣條與襪子製成的武器，似乎也可以稱為臨時黑傑克。

將釣魚所用的鉛錘包在頭巾中，亦可製成如黑傑克般的毆打用武器。不僅有足以敲碎椰子的威力，另外還有個優點：隨身帶著釣魚用鉛錘與頭巾頂多只會讓人覺得「真是個怪人」罷了。

只要有鍊條與掛鎖，還可以打造如忍者所使用的分銅鎖。鍊條太長會給敵人反擊的機會，不好使用，所以關鍵在於剪成與前臂差不多的長度。

武器的製法

便宜且可簡單製作的即席武器

以隨身攜帶也不會遭人懷疑的工具加以組合，即可打造出威力超群的武器。

棍棒

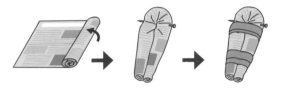

只須將報紙捲成圓筒狀即可成為堅實的「棍棒」。沾濕報紙增加重量可讓威力大增。

① 沾濕報紙後捲成圓筒狀。

② 將捲好的報紙折半再以釘子刺入對折處附近。

③ 最後用膠帶纏繞即完成。

摺疊傘

將扳手放入摺疊傘做成鉛管武器。很重，攜帶不便。

① 準備一把摺疊傘。

② 將扳手插入傘的內側，直到看不見扳手為止。

③ 用束線帶捆綁傘與扳手即完成。

分銅鎖

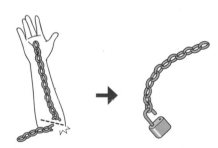

以鍊條與掛鎖製成的分銅鎖。只要揮舞鍊條來進行攻擊，即具有足以擊碎對方骨頭的威力。

① 用專用刀具將鍊條剪成手臂的長度。太長會導致動作遲緩。

② 在鍊條的一端加上掛鎖即完成。

遭狗襲擊時，故意讓牠咬來製造可乘之機

符合年代 ▷ | 20世紀初期 | 20世紀中期 | 20世紀末期 | 21世紀以後 |

符合組織 ▷ | CIA | KGB | SIS | 特殊部隊 | 其他諜報機構 |

◎ 與看家犬或追蹤犬這類麻煩的存在戰鬥的方法

意圖入侵的設施裡如果有飼養看家犬，就必須限制其行動。殺掉也是手段之一，但如果不想留下入侵的證據，就必須引開狗的注意力，或使其暫時無法動彈。

為了達到這個目的，除了運用會噴出狗討厭的氣味的驅狗噴劑之外，還可利用空氣除塵器（原本是用來吹飛電子機器上的灰塵）。將裝了壓縮空氣的瓶罐倒過來朝狗噴射，就會噴出液化氣體。狗的鼻子應該會瞬間結凍而陷入無法戰鬥的狀態。如果看家犬是公狗，那麼母狗的尿也很有效。只要將狗尿撒在狗的臉上或遠離入侵地點的地方，狗就會在意那個氣味而無暇顧及入侵者。

狗也是很優秀的追蹤者，被狗追趕時，須刻意通過河川或水窪。這是為了騙過狗的嗅覺，因為狗的嗅覺是人類的100萬倍以上。乾燥或是風大的地方也比較難留下氣味，是躲避狗的好去處。還有一招是朝著下風處奔跑，可避免氣味飄往狗的方向。

倘若敵國的間諜與軍用犬一起追過來，讓下達指令給軍用犬的人無法戰鬥方為上策。因為當飼主變得無法動彈時，狗也會跟著不動。

當狗逼至近處時，要在被追上的前一刻躲藏到樹蔭下或障礙物後。緊急改變方向，便可趁狗為了轉向而放慢速度時伺機反擊。

被追上時，可伸出適當的棒子，或以毛巾、衣服纏繞的手臂，故意讓狗咬住再進行攻擊。用刀子刺入狗的胸膛或是用鈍器等毆打狗的頭部來造成致命傷。不過殺害狗會留下痕跡，之後恐怕要面臨飼主間諜的報復，因此殺害最好作為最後手段。

應付狗的對策①

使用工具牽制狗的行動

一旦殺害看家犬就會留下入侵過的痕跡。因此間諜採用的做法是使其暫時無法動彈。

狗的應對之策

驅狗噴劑
將氨與水以1：1的比例混合成溶液，往狗的臉部噴射。只要噴灑狗討厭的氣味，即可擺脫狗。

壓縮空氣罐
將填充氣球或輪胎等時候所使用的壓縮空氣噴霧罐倒過來噴，狗的鼻子就會凍結而逃之夭夭。

噴灑母狗的尿液
如果看家犬是公狗，便把母狗的尿噴灑在狗的臉上或遠離侵入地點的地方。這麼一來狗就會難以抗拒本能而無暇對付入侵者。

Column

連忍者都傷透腦筋「狗的應對之策」

據說對忍者而言最棘手的存在便是狗。相傳忍者曾採取各式各樣的對策，除了用毒饅頭毒殺以外，還會在潛入前頻頻造訪好讓狗順從，或是帶著異性狗一起去。

應付狗的對策②

一旦被狗追蹤，不管三七二十一逃就對了

被狗追蹤的時候，「三十六計走為上策」。間諜會利用狗的本能或飼主的心理來甩開追兵。

逃離狗的方法

從有一定落差的高處跳落

狗自古以來的生活圈都在不高的地方，因此通常不太擅長從高處跳下。只要遇到有點高度的坡牆就跳下去或爬上去，藉此逃離狗的追趕。

游過河川

光是進入河川就有讓狗驚惶失措的效果。有些狗會對川流感到恐懼，所以附近如果有河川最好游泳逃走。

**如果是集團
則分散開來逃跑**

狗也會因為目標一多就不知所措，無法立即做出反應。如果是集團，分散開來個別行動效果較佳。

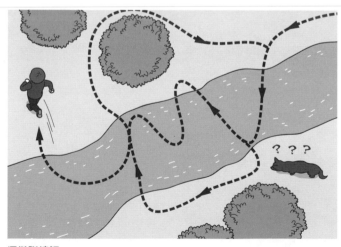

混淆訓練師

被專門監督間諜的訓練師所馴養的狗追蹤時，欺騙人是最迅速有效的做法。只要渡河或以複雜的路線到處奔走，訓練師便會以為狗追丟了間諜而將狗喚回。

應付狗的對策③

故意讓狗咬住來製造可乘之機

遭狗襲擊時，不是殺狗就是被殺。逃不掉時，間諜會故意被狗咬住來集中攻擊。

遭狗攻擊的情況

先用大衣等衣服纏繞手臂，故意讓狗咬住，再趁隙刺向其胸腔，或用棍棒跟石頭等痛毆。如果未持有武器，可以在放聲大吼的同時把雙臂往前伸並朝著狗猛衝。狗會因為突如其來的無預期行動而感到恐懼。

遭到狗襲擊時，間諜會透過移動來削弱狗飛撲過來的力道。站在樹木等障礙物旁邊，當狗接近至1m左右的距離時，便瞬間躲到樹後。狗會為了轉向而放慢速度，間諜便能利用那個瞬間削弱狗的攻擊。

① 站在樹旁。　② 狗靠近時就躲到樹後。

沒有毯子時
則收集大量樹葉就寢

| 符合年代 ▷ | 20世紀初期 | 20世紀中期 | 20世紀末期 | 21世紀以後 | | 符合組織 ▷ | CIA | KGB | SIS | 特殊部隊 | 其他諜報機構 |

⊕ 在野外執行任務期間
須隱藏身影並恢復體力

間諜在野外執行任務的期間，會利用「庇護所（Shelter）」來進行休息。日文翻譯成「避難所」，在求生活動中則意指能夠遮蔽風雨等、避免體力或精神消耗的地方。

對間諜而言，用來藏身以躲過追蹤者的耳目也是庇護所的重要功用。換句話說，如果無法設置適當的庇護所，不僅會消耗體力，還會有被敵人發現的危險性。

簡單打造庇護所的其中一個方法是利用帳篷。關鍵在於讓入口朝向下風處以維持裡面的溫度。如果入口朝向上風處，冷空氣就會吹進帳內。

如果沒有帳篷，則利用樹枝、金屬管、降落傘、斗篷、防水布等打造臨時帳篷。此外，如果沒有毯子等防寒墊，則務必在地上鋪滿樹葉或草之類。因為睡覺時如果橫躺在冰涼的地面上，會造成身體的熱能流失。

洞窟亦可擋風遮雨，因此可作為庇護所來使用。優點是可以省去打造庇護所的勞力，但必須事先想好緊急時的逃跑路線。只有一個出入口時，最好避免作為庇護所來使用。

無論是使用帳篷還是利用天然的洞窟，都必須選擇不易被敵人發現的地點作為庇護所。如果沒有從周遭不易看到的地方，則必須謹慎地做好隱蔽作業。

除了被敵人發現的危險性之外，還必須留意天然災害。如果是在河川附近，河川是否會水位上漲？若是在山區，是否會發生落石或土石坍方？若是雪山的話，則必須留意是否會發生雪崩。

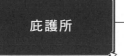

庇護所

利用庇護所在野外度過的方法

間諜或特殊部隊在野外執行任務時，一定會帶著庇護用具，於露宿野外或藏身時加以活用。

庇護所

讓入口朝向下風處

設置庇護所可以遮風避雨，在嚴酷的自然環境中保護身體，免於體溫過低或過熱而引發脫水症狀等。設置地點應選在從周圍不易看到的地方，樹木叢生的森林或岩石遍布的險峻山谷等處較為理想。再加上隱蔽作業就會更難以發覺。

以樹葉充當毯子

躺在地面睡覺會導致身體熱能流失，因此基本上要鋪毯子。沒有帶毯子時，則在地面鋪滿樹葉或草等來代替毯子。

以天然洞窟作為庇護所

在洞窟裡躲風雨沒什麼問題，但缺點是只有一個出入口。敵人也有可能早已掌握洞窟位置，所以必須格外小心。

161

保命之道 其22

挖洞或設置成高架式，打造庇護所時關鍵在於TPO

符合年代 ▷	20世紀初期	20世紀中期	20世紀末期	21世紀以後

符合組織 ▷	CIA	KGB	SIS	特殊部隊	其他諜報機構

◎ 在嚴苛狀況下打造能防暑、防蟲或防寒的庇護所

間諜有時也會在沙漠、叢林、極寒之地這些嚴酷的狀況中執行任務。在這類狀況中，必須配合環境打造出有別於一般的庇護所。

在沙漠中必須留意的是強烈的陽光與暑熱。首先，將帳篷或降落傘等的布面大大攤開，打造成屋頂來遮擋直射的陽光。若是再將屋頂部位的布疊兩層，即可形成空氣層，防止溫度上升。

還有一個方法是在地面挖洞並將土堆放於四周，再用塑膠布從上方覆蓋。除此之外，附近如果有陰涼處，亦可善用其地形來打造庇護所。

在叢林中打造庇護所時，最大的敵人便是蟲類。有些疾病是以蟲為傳染媒介，因此必須採取滴水不漏的對策。基本上會使用掛在樹上的吊床，或是以樹枝組合成高架式的臥鋪，如此一來便不會遭地面的蟲類叮咬。另

外還要攤開布或塑膠布打造成屋頂，防止從樹上掉落的蟲。這麼做不光能防蟲，還能遮雨。

在極寒之地當然必須考慮防寒措施。利用雪或冰打造出如雪洞般的庇護所後，再以雪塞住入口。關鍵在於要另挖一個有別於入口的孔洞作為通風口，以免缺氧。

順帶一提，在沙漠中挖洞的目的是作為防暑措施，但在極寒之地挖洞則是一種防寒措施。只要往下挖洞打造出一個比自己待的地方還要更低的場所，那麼冷空氣便會流動至低處。如此便能在睡覺期間防止體溫下降。關鍵是避免自己的身體直接碰觸雪，千萬別忘了在地上鋪滿隔熱材料、毛毯或樹枝等。

打造庇護所

考慮環境來打造庇護所

庇護所的打造方式會因地點而異。在此介紹於叢林、沙漠、極寒之地這些特殊環境中的打造方式。

沙漠

於四個角落放置石頭

在地面挖掘洞穴可讓氣溫下降一些。挖了洞後將土堆於周圍，以塑膠布覆蓋洞穴，再把石頭置於四個角落即可成為庇護所。

叢林

不要直接睡在地上

叢林的地面有會叮咬人的蟲類，因此應避免直接睡在地上，利用樹枝等組裝高架式臥鋪。此外，再以防水塑膠布做成屋頂來預防落下的蟲子或雨水。吊床也很適合充當庇護所。可從下方的空間散熱，因此感覺比帳蓬還要涼爽。

極寒之地

通風口

在風吹成的雪堆上挖出一個橫向洞穴，打造出如雪洞般的空間。接著挖設一個通風口以免缺氧，再以雪塞住入口。在內部打造一階高低差，即可將冷空氣驅趕到下方。還有個重點是要在地面鋪上毯子或隔熱材料，避免直接碰觸到雪。

163

無飲用水時
則儲存雨水來製水

◎ 在大自然中確保飲用水！
沒水時則自行「製水」

　　人類要生存絕對少不了水。如果不補充水分，1週內就會致死。在嚴酷的環境中應該會死得更快。就算什麼都沒吃也無妨，最應該優先處理的是確保水源。

　　在野外執行任務的期間，如果水壺等事前準備的水喝完了，就必須就地調度水源。然而，河川或是池水裡可能會有細菌或寄生蟲。如果飲用海水，體內的水分會為了分解鹽分而流失。如果把雪吃下肚，又會為了提升降低的體溫而耗用身體的水分。

　　過濾並以大火煮沸10分鐘以上是飲用天然水時不可或缺的基本處理程序。在無法用火的情況下，還有個方法是使用淨化劑或碘液等藥物。淨化後的水可以用容器盛裝攜帶，不過水溫若超過34度便會有細菌繁殖的危險性。

　　在某些狀況下，根本連要拿來淨化的水都無法取得。這種時候就必須思考該如何自行「製水」。如果有下雨，便利用塑膠布或葉子收集雨水。只要不含放射性物質等，雨水就算直接飲用也是安全的。有時也可以切下果實或樹木來取得水分。說到生物的水分，一般會認為動物的血液似乎也不錯，但是血液在人體內分解時會需要用到水分，所以在水分不足的情況下不應攝取。

　　利用太陽熱能蒸餾的做法亦可用來「製水」。在地面挖洞並放置容器，接著以塑膠布密封洞穴，讓水儲存於容器中。還可以利用塑膠袋包覆植物的葉子來收集葉子蒸散的水分。不過挖好的洞穴最後必須恢復原狀，不得留下痕跡。

　　透過這些方式確保水的同時，還要費心思不讓體溫上升或下降，以免體內水分流失，這點也至關重要。

取水對策①

切忌飲用河水、海水與雪水

人類不攝取水分就活不了。在此列舉沒有飲用水或水量所剩不多時的禁忌之舉。

水不夠時的禁止事項

飲用河水

河水裡很可能混雜著細菌或寄生蟲等不純物質，因此不得直接飲用。

吃雪

雪看似乾淨，實則混雜著不純物質，很可能傷及喉嚨或內臟。此外，為了提高體溫好讓吃了雪變冷的身體暖和起來，反而會消耗水分。

飲用海水

喝下海水後，血液中的鹽分濃度會上升，反而會需要大量水分來分解鹽分。

飲用動物的血

人類的身體把血液視為食物而非水分，因此反而更消耗水分。

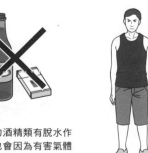

酒與香菸

酒裡所含的酒精類有脫水作用。香菸也會因為有害氣體而造成喉嚨的負擔。

穿得單薄

肌膚露出的面積大，會導致體內水分流失。炎熱之時基本上應盡量少動。

用嘴巴呼吸

用嘴巴呼吸會導致嘴巴內乾渴且水分大量散失。應盡量閉上嘴巴用鼻子呼吸。

在野外確保用水的2個方法

唯有從大自然中收集水或利用大自然來製水是可行的方法。
事先了解更多取水的手段便可安心。

從大自然中取水的方法

儲存雨水

利用防水布或大片的葉子來收集雨水。將石頭等重物放到布的中央打造出水窪，或是儲存在容器中。

尋覓水分多的果實

尋找果實內充滿水分的果實或植物。尤其是椰子裡裝有透明的液體，在熱帶地區被稱為「生命之水」，相當珍貴。

切下香蕉樹幹的根部

切下香蕉的樹幹，往內刨挖殘株，幾天後便會有水蓄積在其中。有些植物切下莖部便能獲得水，因此事先調查植被是最基本的。

利用大自然來製水的方法

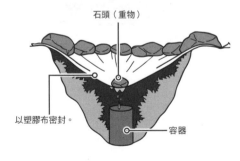

石頭（重物）

以塑膠布密封。

容器

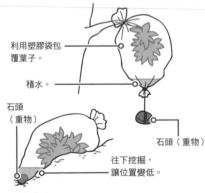

利用塑膠袋包覆葉子。

積水。

石頭（重物）

石頭（重物）

往下挖掘，讓位置變低。

蒸餾器

有時也會挖個研磨缽狀的洞穴，鋪滿草或葉子，利用太陽熱能來收集蒸發的水分。以透明的塑膠布蓋在洞穴上，並在中央處放上石頭。這樣一來內部溫度便會上升，讓附著在布上的水滴儲存於容器中。

蒸散袋

和蒸餾器一樣的構造，利用太陽熱能來收集自植物蒸散出來的水分。做法很簡單，只需將塑膠袋套在長於地面的植物或樹枝上即可。能確保的水量不多，但只要將切下的植物裝入袋中便可在移動中製水，十分方便。

飲用野外的水之前務必過濾並消毒

取水對策③

看起來乾淨的水其實也很危險。倘若吃壞肚子，很可能會因為腹瀉或嘔吐而出現脫水症狀，因此在飲用前務必消毒。

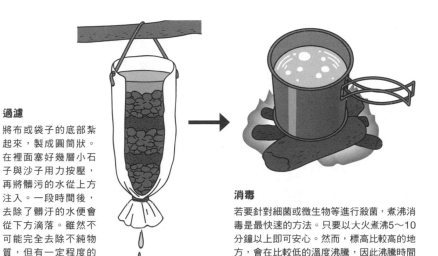

過濾

將布或袋子的底部紮起來，製成圓筒狀。在裡面塞好幾層小石子與沙子用力按壓，再將髒污的水從上方注入。一段時間後，去除了髒汙的水便會從下方滴落。雖然不可能完全去除不純物質，但有一定程度的淨水功效，可以讓泥水變得透明。

消毒

若要針對細菌或微生物等進行殺菌，煮沸消毒是最快速的方法。只要以大火煮沸5～10分鐘以上即可安心。然而，標高比較高的地方，會在比較低的溫度沸騰，因此沸騰時間要依地點而異。另外還可以利用淨水劑或碘液來消毒。

容器

塑膠

塑膠等樹脂製的容器適合存放用水，可保存約72小時。

金屬製

金屬製的水壺或瓶子可以直接用火加熱。水的存放時間較短，約24小時左右。

即便是無燃料的打火機
照樣能藉著火花生火

符合年代 ▷	20世紀初期	20世紀中期	20世紀末期	21世紀以後

符合組織 ▷	CIA	KGB	SIS	特殊部隊	其他諜報機構

◎ 並非有打火機或火柴就能安心

若要在野外求生，就必須有火。因為取暖之際，或是需要加熱來烹調食物、需要煮沸來殺菌或消毒等時候都會用到。

就算有火柴或打火機也不代表能立即生起火。必須有讓火燒得更旺的點火用易燃物質，即引火物。一般作為引火物使用的有線頭、乾燥的草、松毯、槍彈的火藥、面紙等。

取得引火物後即可點火，要是沒有打火機或火柴也無須慌張。可以利用相機或眼鏡的鏡片來匯聚陽光，或是利用車子的電池讓電極之間產生火花，這些都能用來點燃引火物。

在生火的方法中，又以木頭相互摩擦的摩擦生熱技巧較為人所知，不過此法需要時間與體力，因此是最後的手段。此外，即便是燃料耗盡的打火機，也能利用打火石來產生火花，因此間諜不會因為打火機的燃料用完就放棄丟掉。

引火物點燃後，便可用其火苗來燃燒乾燥的木頭等可燃物。引火物小且易燃，因此很容易在轉眼間就燒完了。生火的鐵則是作業要迅速。

等到主要的可燃物都確實點燃以後，再將切細的木頭等「引柴」丟入。若無法順利點火，應懷疑是否是氧氣不足所致。理論上應將燃燒的木材交叉組合，改善空氣的流通。

有別於一般的求生，間諜還必須留意避免被敵人發現。生火所造成的火光或煙霧是否會暴露所在地？用來生火的時間與勞力是否會妨礙到任務進行？間諜會把這些都考慮在內，來判斷是否要生火。

生火方法

生火的必備之物

首要之務是尋找可以作為火種的材料。接著是利用工具來點火，還必須定時注入氧氣以免熄火。

可燃物

乾燥的朽木或樹枝

木材是經常用作火種的燃料。在野外多不勝數，因此輕輕鬆鬆便收集得到。

鳥巢

以又輕又乾燥的纖維質作為引火物再適合不過了。老鼠窩也是易燃物。

照片底片或繃帶

底片、繃帶、脫脂棉、生理用品都是易燃物，可立即作為引火物來運用。

熱能

打火機與火柴

點火的常用道具。打火機沒了燃料仍可產生火花，因此不可丟掉。

鏡片類

利用相機或眼鏡的鏡片匯聚陽光點火。可於短時間內生火。

摩擦式的弓（Fire Fiddle）

組合樹枝與繩子打造成弓，再以弓摩擦樹枝與火種，是一種藉由摩擦生熱來生火的工具。用於石器時代。

POINT

少了氧氣火就點不著

火點不著時有可能是氧氣不足。這種時候無須驚慌著急，只要往火種吹氣就能送入氧氣。火點燃後如果沒了氧氣還是會熄滅，因此基本上要持續吹氣。

沒有食物時
則食用蒲公英或橡實

符合年代 ▷ | 20世紀初期 | 20世紀中期 | 20世紀末期 | 21世紀以後   符合組織 ▷ | CIA | KGB | SIS` | 特殊部隊 | 其他諜報機構

◎ 採集植物優先於狩獵，但須留意危險物種

在野外執行任務期間如果糧食耗盡，就必須在當地調度食物。大家可能會以為有槍就能輕鬆射殺動物……但狩獵的難度其實很高，在人生地不熟的地方更是難上加難，也有可能發生意外，比如遭受意料外的反擊而負傷等。

以保留體力這點來看，與其狩獵，間諜會優先考慮採集植物。堅果富含脂肪與蛋白質，熱量也充足。果實則容易食用，還可以攝取維生素。葉子也含有維生素。根部則為纖維質，不僅可以填飽肚子，還可以補充水分。

採集食物看似全都是優點，不過植物的種類實在太多了，所以也有難以辨別有害物種的缺點。在無論如何都只剩食用未知植物這個選項的情況下，就必須進行測試，判別植物有害與否。

首先，8個小時不吃任何東西之後，先聞聞看植物是否有異常的氣味，接著磨碎後抹在皮膚上，確認是否會引起發炎症狀。如果沒問題，便取一小搓的微量沾在嘴唇外側，靜待3分鐘。只要身體未出現異常反應，便可進入下個階段。放在舌頭上等15分鐘。這時如果無異狀即可吞下，再等8小時。若一切安好，便可認定該植物是可食用的。在8小時的等待期間如果感到有異，則要催吐並飲用大量的水。

這種測試可以確認植物是否適合食用，但是毒菇類須花較長時間才會出現反應，因此透過這個方法很難辨別危險性。

此外，即便野生動物常吃某類植物，也不能作為安全的判斷標準。因為每種動物的消化酵素各有不同。

雜草與堅果都能成為不折不扣的食物

食物

食物吃完時，獵捕動物的難度很高，但是採集植物就簡單多了。在此介紹營養意外充足的植物類。

雜草

蒲公英

蒲公英的葉子、莖與根部的營養價值都很高。葉片較小的會比葉片較大的還要軟嫩美味。

問荊

長在濕地或田裡的雜草。以水汆燙，從根部到葉穗皆可食用。含大量營養素。

車前草

長在路邊的雜草。具有止咳效果，也是中醫常用的天然藥物。葉片有點厚度，飽足感十足。

艾草

長在河堤或田埂上，具有殺菌作用，亦作為藥草運用。以水汆燙去除澀味後食用。

果實與堅果

根部

連根部都能吃的植物不計其數。根部水分多，纖維質可讓人有飽足感，可以果腹。

樹莓

橡實

還可攝取維生素類，杏仁與核桃等堅果類則熱量高，適合補充能量。

茱萸果

Column

注意毒菇！

吃下毒菇後要好長一段時間才會出現症狀。此外，有時只食用少量也會致命，很難透過食用適切測試來判斷。能否識別菇類甚至攸關生死。

在沙漠也必須穿長袖！
掌握環境的差異

符合年代 ▷	20世紀初期	20世紀中期	20世紀末期	21世紀以後

符合組織 ▷	CIA	KGB	SIS	特殊部隊	其他諜報機構

◎ 在寒冷地區嚴防體溫過低，在沙漠則須預防體溫上升

在極寒地區行動時，必須格外小心預防體溫過低。倘若體溫過度下降，也會有陷入幻覺症狀等精神錯亂的危險性。

為了避免體溫下降，最重要的是不能讓封存在上衣裡的熱能散逸。在脖頸處須圍上圍巾，頭部會釋放出大量的熱能，所以必須戴著帽子。

體溫下降的話會導致手腳的血液循環不良，因此手套自然必不可少，還要勤動腳趾或不斷踏步來促進血液循環。

雖說是寒冷地區，為了進行作業等而活動身體後還是會流汗。而汗濕的衣服會導致體溫流失。可能會流汗的時候，一定要先脫掉上衣等來調節溫度。如果放任汗水浸濕襪子，腳會凍傷，所以要勤加更換。

在無法生火取暖的情況下，則使用極薄素材打造而成的防寒防水用「緊急防災救生毯」。如果有同伴則抱在一起取暖，讓肌膚相貼以防體溫太低。

行動場所如果是沙漠，則必須反過來預防體溫上升。以沾濕的頭巾或領巾圍在脖頸處即有冷卻效果，此外，衣服應選擇較寬鬆的款式以利散熱。只要活動身體體溫就會上升，因此原則上會在日落後才移動。夜晚還有個優點是空氣比較清澈，可以放眼眺望至遠處。

在沙漠還必須避免被強烈的陽光直接照射。再熱也要避免露出皮膚，利用護目鏡或太陽眼鏡來保護眼睛。

此外，沙漠中棲息著許多危險的生物。蠍子、蛇與蜘蛛自不待言，還得留意會成為傳染病媒介的蒼蠅、跳蚤、蝨子與蜱蟎等。

生存術
（雪山或沙漠）

在雪山或沙漠中最低限度的守則

在雪山或沙漠中最可怕的便是低溫症狀與脫水症狀。間諜必須了解在嚴酷環境中該如何行動。

自衛

防身術

野外求生

逃脫

雪山

務必以布緊貼頭部或脖頸處，避免肌膚暴露在外。

濕衣服會導致體溫流失，所以要換上乾的衣物。

勤動腳趾以改善血液循環。

指尖較容易凍傷，務必戴上手套。

打造庇護所

若是在移動中遇上暴風雪，而返回安全地區須耗費較多時間的話，應趕緊打造庇護所。

以人體肌膚互相取暖

如果有凍死的危險性，接觸皮膚互相取暖為上策。若在低溫症狀的狀態下試圖以火取暖有可能會死亡。

沙漠

「入夜後才在沙漠中移動」為基本原則。太陽下山後，氣溫會下降，體溫也不容易上升。

地面散發出熱能，熱風中混著沙子。

利用護目鏡或是太陽眼鏡來保護眼睛。

穿著寬鬆的衣服，讓肌膚露出面積降至最低。

當心蟲類與動物

沙漠中潛藏著危險的生物。恐怕有被蠍子或蜘蛛等咬到而引發休克症狀，或是經由蜱蟎或蝨子等媒介染上痢疾等傳染病之虞。

即便處於手腳受縛的狀態
仍可向後仰身游泳

符合年代 ▷	20世紀 初期	20世紀 中期	20世紀 末期	21世紀 以後

符合組織 ▷	CIA	KGB	SIS	特殊 部隊	其他諜報 機構

◉ 在無計可施的狀態下
仍有機會逃脫

　　間諜若是遭敵營綁架並拉上車帶走，有時會被關在後車廂裡。然而，即便從外頭上了鎖，間諜也不會放棄逃生。

　　首先要找出近幾年的車款中，為了從內側打開而裝設的逃脫用手把（後車廂緊急脫困手把）。如果有千斤頂，亦可將後車廂的蓋子往上頂，撬開後逃出。事先了解後車廂的內部構造至關重要。

　　若找不到手把或千斤頂，則讓緊鄰後車廂的後方座位椅背往車子內側倒下，進到車子裡面。不過這種情況下就非得和車內的敵人戰鬥不可。

　　最終手段是從後車廂內踹破煞車燈，從該處伸出手，讓後方車輛的駕駛等發現有人遭到監禁並幫忙報警。不過如果有關當局是敵對組織則另當別論。

　　假如未能順利從車內逃脫而被帶到海邊，並在手腳遭綁的狀態下被扔進海裡。在這種一籌莫展的絕境下，間諜仍有倖存的機會。因為間諜早已預想到這類事態，進行了在手腳受縛的狀態下游泳的訓練。

　　如果水較淺，便下潛至底部，用腳踢蹬地面以上升至水面呼吸。反覆進行這個動作，直到移動至安全的場所為止。

　　即便水較深，亦可採取這樣的方法：以雙腳踢水，上半身呈蝦子反折狀，讓頭部露出水面，一點一點慢慢前進。如果開始覺得呼吸困難則仰躺漂浮，待體力恢復後，再次以蝦子反折的方式游泳。

　　間諜掌握了這類在多麼危機四伏的狀況下都能續命的方法。優秀的間諜絕不輕言放棄。

逃脫法

即便手腳受縛也能活動身體

間諜經常進行被綁架的假設訓練。利用車子的功能或不用手腳來游泳都輕而易舉。

車輛

利用車輛綁架他人的手段有三。一是從後方衝撞車子，鎖定駕駛為了確認發生何事而下車的時候。再者是綁匪自己故意製造汽車故障，鎖定目標對象試圖幫忙而接近的時刻。最後一種則是尾隨目標對象，在其家門前等待開門的那一刻。

拉動後車廂的緊急脫困手把

這是可以從內側打開後車廂的手把，裝設於美國製車輛中。為螢光材質，在黑暗中也很容易找到。

破壞剎車燈

拔掉剎車燈的插頭，往外踢踹破壞煞車燈。從踢開的縫隙中伸出手來求救。

水中

有3種方式可以在無法使用手腳的狀態下游泳。水如果較淺則沉入底部，往上蹬讓臉部浮出水面。如果在水面漂浮游泳，則重複臉朝下俯臥與蝦子反折的姿勢，順勢前進。倘若水面洶湧難以露出臉，則重複臉朝下俯臥與仰躺的姿勢。

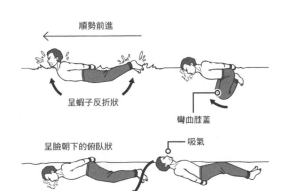

順勢前進

呈蝦子反折狀

彎曲膝蓋

呈臉朝下的俯臥狀

吸氣

保命之道 其28

只要有1根髮夾
即可輕鬆解開手銬

符合年代 ▷	20世紀初期	20世紀中期	20世紀末期	21世紀以後

符合組織 ▷	CIA	KGB	SIS	特殊部隊	其他諜報機構

◎ 即便被剝奪人身自由 仍可逃脫！

即便遭敵方逮捕，間諜仍會不死心地嘗試逃脫。為此，從遭到束縛的那一瞬間起，間諜便不斷研擬對策。其中之一便是「撐大」身體。被綁在椅子上時，間諜會大口吸氣以鼓脹胸腔，並讓腰部歪一邊。坐下時背部也不會緊貼著椅背。雙臂打直不彎曲，雙腳則朝向椅子外側。只要採取這種做法，便可在恢復一般姿勢後多出讓身體移動的餘裕。

解開手銬的技術也有好幾種。第1種是把髮夾插入鎖孔中，鬆開手銬棘齒的部位「單片槓」。第2種是使用如楔子般的工具撬開手銬。把楔子插入棘齒與卡榫之間來撬開鎖。第3種則是藉槓桿的作用力破壞手銬。將外物插入手銬環疊合成兩層的部位（雙片槓）中，再利用槓桿的作用力破壞手銬。

若兩手手腕被束線帶捆綁，則在混凝土或紅磚等硬物上不斷摩擦束線帶，將其磨細後再扯斷即可。束線帶是塑膠製品，所以很容易磨損。還有一個方法是使勁將髮夾插入束線帶的咬合部位來加以破壞。插著髮夾將手腕往左右打開，讓束線帶咬合的棘齒脫離來掙脫。

防水布膠帶（Duct Tap）是膠帶的一種，也會用於配管（導管）工程等，比手銬或束線帶更容易掙脫。像要撐開身體般一口氣扯動，膠帶便很容易裂開，只須利用此特性即可。不斷扭動只會讓膠帶變得又皺又硬，更難撕開。因此，利用猛然下蹲的動作讓綑綁著腳踝的膠帶裂開，雙腳便能恢復自由。

逃脫法①（手銬）

只要有髮夾便可輕鬆解開手銬

手銬看似堅固，卻意外地容易解開。只要了解手銬的構造，即便遭敵方逮捕也能老神在在。

手銬的構造

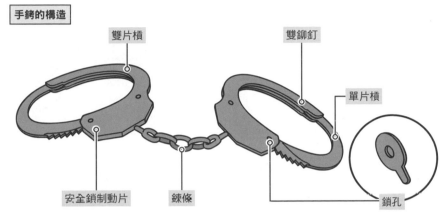

雙片樞

雙鉚釘

單片樞

安全鎖制動片

錬條

鎖孔

每款手銬的構造各異，但一般的手銬任誰都解得開。

利用髮夾打開

將髮夾末端插入鎖孔中，往手腕的方向滑動開鎖。

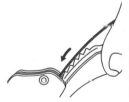

利用墊片撬開

將髮夾或迴紋針強硬插入棘齒與卡樺之間撬開。

利用髮夾末端卡在卡樺的入口，發出喀嚓一聲便能夠解開單片樞了。

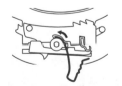

讓髮夾末端卡在卡樺的入口，發出喀嚓一聲便能夠解開單片樞了。

利用槓桿的作用力破壞

將安全帶扣插入手銬的縫隙並扭轉，便可破壞雙鉚釘來解開手銬。

177

逃脫法② （繩索）

被綁時多預留一點空間

遭到綑綁時要製造逃走機會。關鍵在於手握一大截繩子，之後再讓它鬆開來。

遭繩索綑綁時

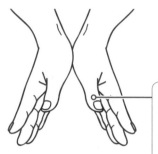

大拇指靠攏

手遭到綑綁時，將雙手大拇指靠攏，掌心撐開不合併。縮緊手腕的肌肉，雙手手腕的直徑會比掌心合併時還要大。

合併雙手大拇指，在內側打造一個空間。

坐下時留些空隙

如果是坐在椅子上遭到綑綁，要彎腰而坐，避免腰部呈直角貼著椅背。雙腳則移到椅腳外側。

緊握一部分繩索

遭到綑綁時，趁敵人不注意時單手抓住繩子。待綁匪離開房間後，手一鬆開繩子便能鬆開。此外，大口吸氣撐開胸腔也是不錯的方式。

逃脫法③
（膠帶）

只要有髮夾便可輕鬆逃脫

束線帶和膠帶都很便宜，因此經常作為綑綁用具來使用。遭到綑綁時，善用髮夾或身體動作來逃脫。

破壞束線帶的方法

束線帶的構造是一旦綁住就拆不下來，拆下時必須使用剪刀。一般都會這麼認為，但只要運用髮夾便可輕鬆拆下。

蠟

事先將髮夾藏在皮帶裡

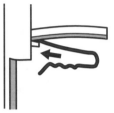

剝掉黏附在髮夾末端的蠟。確認束線帶與卡榫的位置，將髮夾插入卡榫與棘齒之間。

維持插著髮夾的狀態，手腕往左右拉開。咬合的棘齒與卡榫便會脫落。

破壞膠帶的方法

容易取得且廉價的膠帶（防水布膠帶）也是綁匪經常使用的工具。只要猛然活動身體便可撕裂開來。

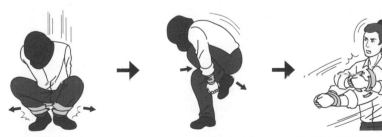

雙腳腳尖打開呈V字形站立，接著直接猛然下蹲，膠帶便會裂開來。

將雙手從身體的後方移動至前方。

雙手舉至與肩同高，猛然彎曲手肘打向胸膛膠帶便會裂開，雙手腕便重獲自由。

培育CIA的教材中
採用了間諜電影!?

Ian Fleming　　　　John le Carré

前間諜的作家所描繪的《007系列》

　　於1953年～1961年擔任CIA總監的艾倫‧杜勒斯曾說過「故事中出現的間諜英雄根本不存在於現實中」，不過培育CIA諜報人員時曾採用過間諜電影作為教材。至於為何適合作為教材，是因為相當於間諜電影代名詞的《007》系列的原作者伊恩‧佛萊明有過這麼一段經歷：在第二次世界大戰期間曾在英國海軍情報部以諜報人員的身分活動。此外，因為間諜小說《冷戰諜魂》而獲得高度評價的約翰‧勒卡雷，也是根據隸屬於情報機構MI6時的經驗來寫作。雖說是虛構小說，間諜的作品都充滿著真實性。

曾撼動世界的
間諜人物列傳

間諜終歸是陰影中的存在。即便曾參與歷史事件也無法留名。然而，間諜中也有不少人的存在格外突出，不幸暴露於世人眼前。本企劃以「間諜人物列傳」為題，介紹意外名震四方的幾位間諜，試著追尋其足跡。

理查・佐爾格

前蘇聯的間諜，為「佐爾格事件」
的主謀。1933年以德國記者身分赴
日，成立了佐爾格諜報團來執行諜報
行動。打電報告知祖國日本不打算對
蘇聯開戰，而是以南進尋求資源為目
標。對蘇德戰爭貢獻良多，卻於美日
開戰前不久的1941年遭到逮捕，並
於1944年處以死刑。

靠自學研究日本

赴日前便獨自研究日本，連古典都加以
研讀。麻布的住家裡有1000本藏書，
據說上午都勤奮地閱讀與寫作。

尾崎秀實

為佐爾格諜報團的成員，是不斷向佐爾格提供日軍情報的間諜。另一方面，在近衛文麿內閣的政權中，以內閣囑託職員的身分奠定了地位。1944年和佐爾格一同被處以絞刑。

寫給妻子與女兒的信熱賣一時

尾崎在獄中寄了無數封書信給妻子與女兒。戰後，一部分被彙集成書《愛情はふる星のごとく》，成了長期熱銷書籍。

瑪塔・哈里

曾在巴黎風靡一時的荷蘭人舞者。有著高級妓女的面貌，與各國政治家與高級軍官同床共眠。第一次世界大戰期間的1917年被法國以雙面間諜的嫌疑起訴，最後遭到槍決。

直到最後一刻都美麗動人的女間諜

很有美女間諜的風格，流傳著許多與死前相關的醜聞，比如在槍殺前對士兵們拋飛吻、脫下大衣裸體接受處決等。

英國模特兒兼高級妓女。同時與英國陸軍大臣約翰・普羅富莫及蘇聯駐英國大使館高級海軍武官葉夫根尼・伊凡諾夫上校有染，引發將英國的國家機密洩漏給蘇聯的「普羅富莫事件」。

之後過著穩定的生活

基勒於冷戰時期成了最大醜聞風波的女主角，2017年逝世，享年75歲。晚年改名後著過平靜的生活。

沃爾夫岡・洛茨

以色列的傳說級間諜。原本是軍人，於以色列建國後，以諜報機構摩薩德成員的身分活躍一時。進駐埃及、讓無數機密情報流入祖國，在第三次中東戰爭中引領以色列走向勝利。

表面上是一般市民

某一個時期在開羅表面上經營著騎馬俱樂部，同時持續將軍事機密與重要人物清單等交給摩薩德。

安海爾・阿爾凱薩魯・貝拉斯科
（Ángel Alcázar de Velasco）

活躍於第二次世界大戰的西班牙人間諜。太平洋戰爭爆發後，日本在美國國內的情報蒐集變得困難重重，便於中立國西班牙創設了諜報機構「東機關」。貝拉斯科便以核心人物的身分四處活動。

先和美國士兵成為朋友

貝拉斯科藉由和美國軍人成為朋友來打探情報。據說貝拉斯科的同夥中有人是偽裝成教會神父來蒐集情報。

金賢姬

前北朝鮮情報人員。為1987年導致乘客與機組人員共115人全員死亡的大韓航空客機空難爆炸案之罪犯，雖於阿布達比機場下機，但後來遭到逮捕。引渡回韓國後，雖被判死刑卻獲得特赦。其後結婚並轉而公開活動。

徹底的日語教育

據說從一名朝鮮名叫「李恩惠」的日本女性綁架受害者那接受了將近2年的日語教育。

川島芳子

出生為清朝皇族第10代肅親王善耆的第14皇女，卻在帝國衰敗後成為日本人的養女，在東京接受教育。夢想著復興清朝而從事日軍的間諜行動，卻對滿州政策有所抗拒。戰後以漢奸（賣國賊）身分在中國遭處決。

17歲時捨棄女性身分，化身為「男裝麗人」

17歲時發生舉槍自殺未遂事件後便斷髮。之後以男裝麗人之姿備受世人矚目。

金・費爾比

隸屬於英國MI6卻同時為前蘇聯的KGB效力，為英蘇的雙面間諜。生涯橫跨第二次世界大戰，為曾在英國活動的蘇聯間諜網「劍橋五人組」的核心人物。雙面間諜的身分暴露後，於1963年流亡前蘇聯。

連妻子、親友與MI6都一無所知

費爾比連對妻子與親友都不曾展現其真實的面貌。獲得MI6的信賴，不斷取得重要機密。

大日本帝國海軍軍人的海軍少尉。自1941年起任職於檀香山的日本總領事館。觀察停泊珍珠港的美國艦隊之動向，並向母國發送情報。亦為成功偷襲珍珠港背後的大功臣。

潛伏處為料亭「春潮樓」

吉川是在日本人經營的料亭「春潮樓」窺探美國艦隊的狀況。據點設在2樓，使用望遠鏡取得進出珍珠港的艦隊情報。

安娜‧查普曼

隸屬於俄羅斯聯邦對外情報局（SVR）的女間諜。為了取得美國的武器開發計畫而於2010年以間諜身分入境美國。扮演房地產公司老闆，卻遭FBI逮捕而備受矚目。目前活躍於演藝活動與商業界。

絕技為變色龍美人計

面對有M（被虐）傾向的男人就強勢，偏愛柔弱女性的男性則如公主般。擅長變色龍美人計玩弄男人的心。

間諜用語索引

參考文獻

◆ **書籍**

《実戦スパイ技術ハンドブック》Barry Davies 著／伊藤綺 譯（原書房）

《最強　世界のスパイ装備・偵察兵器図鑑》坂本明 著（学研プラス）

《「知」のビジュアル百科27　スパイ事典》Richard Platt 著／川成洋 譯（あすなろ書房）

《CIA極祕マニュアル》H. Keith Melton、Robert Wallace 著／北川玲 譯（創元社）

《イラスト図解　仕事に使える！CIA諜報員の情報収集術》グローバルスキル研究所 著（宝島社）

《スパイのためのハンドブック》Wolfgang Lotz 著／朝河伸英 譯（早川書房）

《世界スパイ大百科　実録99》東京スパイ研究会 監修（双葉社）

《スパイ図鑑》Helaine Becker 著／らんあれい 譯（ブロンズ新社）

《萌え萌えスパイ事典》スパイ事典制作委員会 編（イーグルパブリシング）

《ビジュアル博物館 スパイ》Richard Platt 著／川成洋 譯（同朋舎）

《アメリカ海軍SEALのサバイバル・マニュアル》Clint Emerson 著／小林朋子 譯（三笠書房）

《図解　特殊部隊》大波篤司 著（新紀元社）

《最新SASサバイバル・ハンドブック》John Wiseman 著／高橋和弘、友清 仁 譯（並木書房）

◆ **網站**

CIA官方網站　http://www.cia.gov/index.html

國際間諜博物館　http://www.spymuseum.org/

※另外還參考了許多其他間諜相關資料。

監修　落合浩太郎（Koutaro Ochiai）

1962年生於東京都。1995年慶應義塾大學研究所法學研究科博士課程修畢。其後任職過東京工科大學專職講師、東京工科大學電腦科學學系準教授，現為東京工科大學教養學環教授。主修安全保障研究與情報研究。著作有《CIA失敗の研究》（文藝春秋）、《インテリジェンスなき国家は滅ぶ─世界の情報コミュニティ》（亞紀書房）等。

STAFF

企劃・編輯	細谷健次朗、柏もも子
業務	峯尾良久
執筆協助	龍田昇、野村郁明、野田慎一
插圖	熊アート
設計・DTP	G.B.Design House
封面設計	森田千秋（Q.design）
校對	ヴェリタ

近現代間諜養成手冊
間諜工具 × 行動守則 × 保命之道

2020年9月1日初版第一刷發行
2023年1月1日初版第三刷發行

監　　修	落合浩太郎
譯　　者	童小芳
編　　輯	邱千容
美術編輯	竇元玉
發 行 人	若森稔雄
發 行 所	台灣東販股份有限公司
	＜地址＞台北市南京東路4段130號2F-1
	＜電話＞(02)2577-8878
	＜傳真＞(02)2577-8896
	＜網址＞http://www.tohan.com.tw
郵撥帳號	1405049-4
法律顧問	蕭雄淋律師
總經銷	聯合發行股份有限公司
	＜電話＞(02)2917-8022

國家圖書館出版品預行編目資料

近現代間諜養成手冊：間諜工具×行動守則×保命之道 / 落合浩太郎監修；童小芳譯. -- 初版. -- 臺北市：臺灣東販, 2020.09
192面；14.7×21公分
ISBN 978-986-511-457-2(平裝)

1.情報 2.國防

599.72　　　　　　　　　109011021

SUPAI NO SAHOU supervised by Koutaro Ochiai
Copyright © 2020 G.B. Co., Ltd.
All rights reserved.
Original Japanese edition published by G.B. Co., Ltd.

This Complex Chinese edition is published by arrangement with G.B. Co., Ltd., Tokyo c/o Tuttle-Mori Agency, Inc., Tokyo.